人氣營養師的

糖尿病 食譜

陳國賓
Leslie Chan
註冊營養師(英國)

人氣營養師的糖尿病食譜

作者
陳國賓

編輯
Pheona Tse

菜式示範
梁綺玲

攝影
Fanny

封面設計
Nora Chung

設計
萬里機構製作部

出版者
萬里機構
香港鰂魚涌英皇道1065號東達中心1305室
電話：2564 7511　　傳真：2565 5539
網址：http://www.wanlibk.com

發行者
香港聯合書刊物流有限公司
香港新界大埔汀麗路36號中華商務印刷大廈3字樓
電話：2150 2100　　傳真：2407 3062
電郵：info@suplogistics.com.hk

承印者
中華商務聯合印刷（香港）有限公司
香港新界大埔汀麗路36號中華商務印刷大廈14樓

出版日期
二〇一五年五月第一次印刷
二〇一九年三月第二次印刷

以下圖片來自123rf：p18

萬里機構

萬里 Facebook

序

　　「飲食治療」是處理多種慢性病的重要一環，血膽固醇高的患者要注意飲食，患有痛風者要注意飲食，但論到與飲食最相關的疾病，可算是糖尿病。即使是膽固醇高，午餐少吃一個雞蛋也不會令膽固醇立即下降；即使是尿酸過高以致痛風，晚餐少吃一塊牛扒也不會令尿酸馬上消失；但多吃兩碗飯呢？糖尿病患者血糖的水平卻會馬上飆升，因此理想的飲食編排對糖尿病患者的血糖控制尤為重要。

　　說到「飲食編排」而不是「戒口」的原因很簡單，皆因糖尿病飲食是戒無可戒。粉、麵、飯等主糧，水果、蔬菜，全都含有不同份量的碳水化合物，消化吸收後轉化為血糖；而這些糖分是身體必須的營養素之一，特別是腦部組織依賴血糖提供能量，若怕血糖不穩而將米飯、主糧戒絕，那腦部真的會停止運作！因此，治療糖尿病的策略，是盡量在一天內攤分飲食中的碳水化合物，減少餐後血糖快速上升。

　　個別糖尿病人為了控制血糖，食量減到無可再減，也不見得血糖水平有明顯下降。所以這本糖尿病食譜並不是教人戒口，反而是為糖尿病人提供編排飲食的新點子，在烹煮餸菜過程中，採用健康的食材配搭，在控制血糖吸收之餘，避免個別營養素的缺乏。

　　或許有人會認為：我又沒有糖尿病，為什麼要看糖尿病食譜？糖尿病何其普遍，在本港，10 個成年人當中就有 1 個患有糖尿病，當中亦有不少隱性個案；因此，學會糖尿病的飲食治療方法，不單可以幫助照顧不幸患上糖尿病的家人、朋友，亦可大大減少自己患上糖尿病的機會。再者，糖尿病飲食的基礎本來就是均衡、多變的飲食；因此即使只是為了吃得健康，本書的食譜也適合你。

註冊營養師（英國）

陳國賓

目錄

第一章

控制血糖的
飲食方法

糖尿病基本飲食原則

什麼都不吃就能控制血糖？

不少糖尿病患者剛收到營養師給他們開的第一張餐單，腦海中浮現的感覺就是「什麼都不能吃」，更有接觸過的糖尿病人說，若要他完全按照營養師寫的餐單進食，他寧願什麼都繼續吃，然後讓血糖水平失控也算了。對於不少人來說，對疾病的恐懼主要來自治療過程中飲食及生活習慣的轉變，但問題是，一個健康均衡、有助控制血糖水平的飲食真的這麼恐怖嗎？

很多人認為糖尿病的飲食治療就等於「不吃甜、不吃糖」，但有血糖不受控的糖尿病患者乾脆不吃飯，以為這樣極端的飲食行為就可以控制血糖。但可憐的是，不少「什麼都不吃」的糖尿病人還是無法有效控制血糖水平。這正好告訴我們，血糖的水平受多個生活、飲食習慣影響，極端戒口不但無助於改變血糖失控的事實，還會令身體出現個別營養素不足的健康問題。

健康體重控血糖

食物的種類固然會影響血糖的高低，但進食的份量、體重對血糖水平的影響更為重要。除遺傳因素以外，肥胖是引發糖尿病的最大單一疾病因素。

過高的體重或過多儲存於腰間的脂肪都會擾亂胰島素的分泌及功效，導致血糖水平上升，不少糖尿病患者在確診後一直無法有效控制血糖，主要與體重過高有關。當然我們無法要求一個體重 180 磅（82 公斤）的病人在短時間內回復 150 磅或更低的健康體重水平，但研究證實即使少至 5-8 公斤的體重下降，亦能大大改善糖尿病患者的血糖控制。

對於體重過高的糖尿病患者而言，必先要從減低總體食量着手，從米飯、肉食、油脂及小食等類別中作出較明顯的份量調整；當然，每個人的熱量需要不一，有需要的可向營養師查詢。但單靠減低食量對減磅的幫助並不持久，皆因身體適應了低熱量的飲食，亦會自行調低新陳代謝，以抗衡食量不足對體重下降的壓力。因此，糖尿病患者要做適量的運動，特別是帶氧運動，令新陳代謝不會因減食而慢下來，相反，令熱量消耗增加，達至較健康體重及血糖水平的終極目的。

健康體重

健康體重的定義是體重指數處於 18.5 至 22.9 之間。

$$體重指數\ BMI = \frac{體重（公斤）}{身高（米） \times 身高（米）}$$

例子：體重 70 公斤，身高 1.6 米，體重指數 BMI = 27.3（肥胖）

低熱飲食 • 減低碳水化合物對血糖的影響

食物中的碳水化合物進入身體後會被轉化成葡萄糖，令血糖水平上升，透過血液的運輸，血糖最後被身體不同器官使用或儲存。照道理，當我們停止進食含碳水化合物的食物，血糖便不會上升，但身體多個器官（特別是腦部和心臟）的正常運作依賴糖分提供能量，這種能量供應鏈不能完全被食物蛋白質及脂肪取代，因此飲食中不能戒絕碳水化合物。

要保持較理想的血糖水平，碳水化合物的進食量必須合適。糖尿病患者雖仍會以粥、粉、麵、飯等含豐富碳水化合物的食材作為主食，但與患病前比較，應適度減少對此等食物的依賴，並要改變「多吃飯、多吃肉、少吃菜」的攝食模式，增加非澱粉質類蔬菜的進食量，除可達致短時間的血糖控制，亦會因碳水化合物攝取量降低而令整體熱量攝取下降，長遠達至控制體重及血糖予理想水平的目標。

對於沒有糖尿病的健康人士來說，每天攝取的熱量當中有 55%-60% 來自碳水化合物也算正常；但對於糖尿病患者而言，來自碳水化合物的熱量比例最

營養師建議

大部分糖尿病患者都認識什麼是碳水化合物換算，其背後的原則亦相當簡單。除了粥粉麵飯、麵包餅乾等五穀類食物含有碳水化合物外，蔬菜、水果、奶類食物亦含有一定水平的碳水化合物，在同一餐內進食馬鈴薯、番薯、粟米等食物，又或是飲用了含乳糖的奶類製品，便需適量減少米飯、麵食等主糧的份量，以保持平穩的血糖水平。

不少糖尿病患者在確診初期都會收到營養師編排的食量及碳水化合物換算表，只要多加留意，慢慢便能有效運用這個系統。由於不少食物都含有少量碳水化合物，若血糖水平穩定，便無須進行過分瑣碎的食物換算，例如水餃中有甘筍茸怎樣換算？芝士三文治上的芝士片怎樣換算等？要不然每丁點食物都要換算，那乾脆不去吃就沒有煩惱了。

好不超過 50%，就好像一般的地中海飲食模式。

在法國、意大利南部及希臘等地中海地區的飲食當中，來自麵條、麵包、馬鈴薯的熱量相對較低，取而代之的是含豐富單元不飽和脂肪的橄欖油。舉個簡單的例子，吃 2 碗上湯意粉與 1 碗滿的橄欖油撈意粉的熱量相同，但進食後者對血糖水平的壓力相對較低。減少碳水化合物食物於整體飲食的比例並不等於「吃少碗飯，吃多件肉」，只是運用含單元不飽和脂肪的植物油（橄欖油、芥花籽油）取代部分高澱粉質五穀食物，藉以減低過量碳水化合物對血糖水平的影響。

少吃多餐 ● 分散消化負擔

少吃多餐這個飲食方法對控制血糖尤其重要，皆因大部分糖尿病患者並不是完全沒有胰島素分泌，又或是完全失去控制血糖的能力，只是一下子進食大量碳水化合物食物，快速分解、吸收後，無法立即有效分配到各個有需要的器官，令糖分滯留於血液當中而推高血糖水平所致。

✗ 即使日常工作或生活有多忙碌，每日早、午、晚三餐是不可少，若果「跳過」午餐而不吃，那受壓抑的食慾便會在晚餐時爆發，到時飢不擇食，自當令血糖失控。對於那些需要進食降血糖藥的糖尿病患者而言，跳過正餐或會令血糖水平下降至極低水平，令手震、心悸等低血糖症的徵狀出現，所以服食降血糖藥者每日三餐絕不可少。

✗ 「少吃多餐」不等同「多吃多餐」，若果正餐的食量不減，午間又多吃水果、餅乾，那血糖自當不降反升，這是糖尿病患者常犯的飲食錯誤。

✓ 糖尿病患者或可增加正餐之間的飲食，分擔正餐時的食量。例如在「下午茶」時間進食一份水果，少量餅乾，又或是飲用一杯豆奶，便可作充飢之用的同時，酌量減低正餐的進食份量。

低脂少鹽 ● 減少肉食脂肪

　　很多人以為糖尿病的飲食治療只着重控制食物內的碳水化合物，但糖尿病患者的飲食不僅是要控制血糖，更要預防心血管病、腎衰竭等併發症的出現。因此，在碳水化合物食量的控制外，亦要奉行低脂肪、低鹽的煮食模式；這並不代表完全不能吃脂肪，而是重點減少來自肥肉、動物皮層、餐肉、燒味等加工肉食的飽和脂肪，以助控制血脂及血膽固醇水平。另外，以新鮮材料為主的膳食，配合適量的調味料及多變的烹調方法，讓糖尿病患者減少鹽分（或鈉質）的攝取，自能預防高血壓，血管病變及腎功能衰竭等併發症。

高纖飲食 ● 控制體重

　　長期以來，我們都認識高纖飲食對腸道健康的重要性，但高纖飲食的另一好處是延長進食後的飽腹感，藉以控制熱量攝取及達致更健康體重的目的，這正好滿足糖尿病患者在治療上的需要。膳食纖維素亦可阻慢碳水化合物的消化吸收，直接延緩餐後血糖上升的速度。

　　我們日常提及的高纖飲食，主要是多吃蔬菜水果，但結合蔬果的纖維素含量，大概只能達到健康水平的一半，要攝取充足的纖維素，必須改變只吃白米飯、白麵

包的習慣。在五穀類食物中加入糙米、紅米、紫米、燕麥等高纖品種。另外，適量進食乾豆類、以及杏仁、核桃等堅果類食材，自能令纖維素的攝取更完備，以助餐後的血糖控制。

補充維他命 ● 抗氧化防疾病

與一般人的健康需要一樣，糖尿病患者亦要預防癌症、肝病、骨骼關節健康等問題，簡單來說，糖尿病患者並沒有其他退化性疾病的免疫力。要預防身體功能退化，飲食上要多補充維他命 A、C、E 等抗氧化元素，番茄、黃豆（大豆）、綠茶都是其他抗化素的重要來源。糖尿病患者可按個人的習慣及喜好從中選擇。

着重個人化 • 多作客觀分析

　　雖然糖尿病的病因、病徵大致相同，但每個患者都是獨立的個體，病情不一樣，治療的方法不一樣，在飲食上的需要更不一樣，勉強跟從別人的飲食方式，不單未能達到治療的目的，反過來卻會阻礙治療的進展。市面上有不少糖尿病飲食餐單可供參考，但很多時沒有將個人飲食喜好、年齡、活動量上的差異作出調整，因此真的只能作「參考」之用。

　　我們經常會聽到身邊的人説什麼食物降血糖，什麼中成藥又可以治療糖尿眼、糖尿腳，但進食前必先要三思。這並不代表這些保健食品或中成藥一定無效，相反這類食物可能相當有效，更重要是服食前先了解保健食品的真正藥性，服用份量及方法，以致可能引起的副作用。最後，當然是要定期量度血糖水平，作客觀的判斷，畢竟糖尿病的終極治療目的是控制血糖以預防各類併發症，若進食後自我感覺多良好，但終究血糖未受控制，那就難言保健食品治療是成功的。

糖尿病併發症飲食注意事項

　　糖尿病最可怕的並不是高血糖本身，而是糖尿眼、糖尿腳等以糖尿病命名的併發症，最嚴重的當然會導致失明及折肢。隨着治療方法的進步，以及定期的身體檢查，可提前發現可能出現的併發症，嚴重併發症出現的機會已大大降低，但偶然亦會碰到嚴重的案例，主要與延遲診斷及不良飲食習慣有關。但只要糖尿病患者定期覆診，嚴格遵從醫生的服藥指示，加上良好的飲食習慣，大部分糖尿病併發症都是能夠預防的。

　　除了糖尿眼（包括青光眼、視網膜病變）及糖尿腳（高血糖所引發的傷口細菌感染）以外，高血糖的併發症還包括心臟病、神經線病變、高血壓及腎功能衰退等。高血糖影響這麼廣闊的主要原因是血液循環覆蓋整個身體，而過多的糖分自會被送到不同的器官去，對個別組織造成不同的影響，因此，預防糖尿病併發症的最佳方法，當然是盡量把血糖水平控制在較接近理想的水平。

血糖水平監察

　　要分析飲食對血糖水平的影響，當然要透過不同方式的血糖量度。

尿糖檢查

方法　用試紙量度尿糖的水平，皆因尿糖的水平間接反映血糖的水平

優點　不用「篤手指」或抽血，因此較方便和較受糖尿病患者接受

缺點　量度尿糖的水平只能反映血糖水平的約數，準確程度較低；而尿糖的量度敏感度較低，若血糖水平不是超越標準一段距離，就會出現尿糖水平正常的假像，令糖尿病患者誤以為血糖水平正常而有所鬆懈。

血糖檢查

方法　抽血檢查或採用家用血糖測試機（或稱「篤手指」）

優點　血糖檢查較能直接反映糖尿病人的飲食、藥物治療效果。

缺點　血糖量度只能顯示即時的血糖水平，始終血糖水平總會反覆，我們又不能夠一
　　　整天都在篤手指。

　　現在醫生多會為病人量度「糖化血紅素」（或 Hba1c），以顯示檢查前 2~3 個月
的血糖平均值。根據國際糖尿協會（International Diabetes Federation）的指標，糖
化血紅素的水平應低於 6.5%。

　　若糖尿病患者同時量度血糖及糖化血紅素水平，那營養師多會偏重後者的高低。
由於血糖水平上落快，不少糖尿病人在覆診前兩、三天都會刻意減少食量，又或是
盡量減少進食含碳水化合物的食物，以製造血糖水平正常的假象，但當糖化血紅素
水平偏高時，營養師便有理由懷疑患者沒有好好按照編定的餐單進食，又或是身體
對藥物的反應下降，以致血糖不受控所致。

營養師建議

　　　　　　　由於食物中的碳水化合物在進食後會被快速分解為糖分，
　　　　　　令血糖水平增加，而當血糖被身體不同組織吸收、運用後，
　　　　　　血糖水平又會下降，因此血糖量度的時間不同，所量度的
　　　　　　血糖水平亦有所差異。要判斷血糖水平的變化，大多會於
空腹（或稱「空肚」）時量度，因早上未吃早餐時，昨晚進食的食物
已被消化吸收，不會明顯影響基礎的血糖水平，所以無論是抽血或在
家「篤手指」，都以空腹的血糖水平為準。

飲食元素對併發症影響的監察

要預防各種糖尿病併發症，首先要控制好血糖水平，但同時要留意多個飲食元素，以配合身體不同器官組織的需要，藉以減少併發症的出現。以下列出預防多項併發症的飲食需要，糖尿病可按個人的身體狀況作出相應調整。

腎功能衰退

腎的功能十分多，其中主要功能是過濾血液，將血液中的毒素及廢物排出體外，但高血糖會令腎臟過濾的血液增加，長時間增加腎臟的負荷，直到腎功能下降而無法滿足身體的需要，令毒素及新陳代謝所產生的廢物在身體累積起來。要預防腎功能衰退，除了控制好血糖水平外，亦要改善日常飲食以減低腎功能負荷。

在眾多新陳代謝所產生的廢物當中，不少來自食物蛋白質。食物中的脂肪及碳水化合物可以被身體儲存，若進食太多而身體又無法立即消耗，便會在身體累積，因此，多吃脂肪及碳水化合物會令體重上升。但蛋白質與脂肪及碳水化合物不同，其氨基酸的「胺」組織部分不能被身體儲存，必須經肝臟及腎臟分解並排出體外，因此過量進食含豐富蛋白質的食物會直接增加腎臟負荷。

控制蛋白質攝取量

那糖尿病患者豈不是要預防腎功能下降而放棄食肉？答案當然是否定的，過量的蛋白質有損腎功能，但身體的正常運作亦有賴足夠的蛋白質攝取。

以體重 60 公斤作計算基礎，平均每天要攝取：

48-60 克蛋白質 ＝ 1 隻成人手掌大小的肉食 ＋ 1 隻雞蛋 ＋ 1 杯奶類飲品

這個份量雖然不多，但已能滿足身體所需要的蛋白質份量。要留意的是這裏所指的並不是一餐的份量，而是一整天的份量，若讀者天生是「食肉獸」，又或是愛吃火鍋、烤肉等菜式，那不難想象蛋白質攝取量有多容易超標。

要控制蛋白質的攝取量，除了節制肉食蛋白質（包括魚類及奶類）的攝取量，亦可多吃素食蛋白質，例如黃豆、豆腐、菇菌類及堅果等食物，以取代飲食中的部分肉食蛋白質。因為植物蛋白質的可吸收比率較肉食蛋白低，所以，多吃一點植物蛋白質並不會大幅增加整體的蛋白質攝取。這種以植物蛋白質取代部分肉食蛋白質的策略並不完全代表要奉行素食，因為肉食除了為身體帶來蛋白質外，亦會提供鐵、鋅、鎂等重要元素，因此不能因為害怕蛋白質攝取過量而放棄食肉。同時，不少加工素食材料的鹽分水平甚高，所以並不是轉吃素便能解決腎功能下降的問題。

食物的鹽分影響腎功能

提到食物的鹽分，原來亦是影響腎功能的一個重要飲食元素。鹽分攝取過量會增加高血壓的風險，血壓長期處於高水平會破壞腎組織，加速腎功能退化，所以糖尿病患者日常的飲食要以清淡為主，藉以減低鹽分的吸收。

日常飲食中的鹽（或稱鈉質），主要來自食物的調味料或加工食物。外出飲食的鹽分當然較家中煮食高，由於餸菜的調味由廚師控制，而他們多會滿足食客嗜鹹的口味而烹煮出較濃味的食物，因此糖尿病患者可多留在家中進食，以減少鹽的攝取。在家中烹煮時，若已用調味料醃肉，下鑊烹煮時便可省去額外的調味料。另外，烹煮餸菜時避免只使用單一調味料，這樣會令菜色欠缺風味而誘使我們增加調味料的份量。相反，多採用不同的調味料配搭（例如小量鹽配小量豆醬），而每種調味料只用小量，便能增加食物的風味，達到刺激食慾又不增加鹽分攝取的目的。

煮食時善用香料及配料

在煮食過程中善用香料、香草及各種配料，均可減少含鹽調味料的使用。除了日常使用的薑、蒜、葱以外，香茅、青檸、檸檬葉、九層塔等東南亞食材在烹煮中菜時亦可以大派用場。迷迭香、百里香、刁草及羅勒等香草多用於烹煮西餐，但亦可借用來醃肉、除腥。胡椒粒、八角等乾貨食材，用作煮湯、炆餸都會為原本平平無奇的菜色帶來意想不到的風味。

在煮食中或會用到現成的上湯及魚湯等，這種做法無疑能省卻大量備餐的時間，只要適量使用，又或是用一半的清水配一半的上湯，都可減少鹽分攝取而又不失餸菜原有的風味。亦可在烹煮老火湯或蔬菜湯時，多留一點於雪櫃內冷藏，以備日後烹煮其他菜色之用。只要日常煮食時多加注意，以及多作不同食材配搭的嘗試，便可烹煮豐富的自家製低鹽佳餚。

心腦血管疾病

糖尿病患者的心腦血管疾病風險較一般人高，但與其説這些是糖尿病的併發症，不如説這些是與糖尿病一起病發的代謝綜合症，亦即是我們常説的所謂「三高」（高血糖、高血脂、高血壓）。高血糖固然會破壞血管，特別是微血管的健康，影響傳送養分到各器官的效率，直接影響整個心腦血管系統。但同時中央肥胖這個引發糖尿病的主要疾病因素亦會直接影響心、腦血管的健康。

中央肥胖

亦即是脂肪在腰間累積，不單會影響胰島素的新陳代謝而引發糖尿病，亦同時會擾亂肝臟的膽固醇製造，令血膽固醇水平上升。過多的膽固醇容易被氧化而黏附在血管壁上，慢慢造成血管栓塞，阻礙血液輸送養分到心臟及腦部，引發冠心病及中風。因此，不少糖尿病患者在確診初期同時發現身體出現高膽固醇及高血脂等問題。

減少進食飽和脂肪

要預防三高的另外兩高，其飲食方法與對付高血糖的相若。除了以高纖五穀類食物作為主糧外，亦要減少進食飽和脂肪，多吃「單元」及「多元」不飽和脂肪，另外，亦要進食充足的新鮮水果及蔬菜，同時減少進食高糖、高鹽及高脂的加工食物。當然，在選擇奶類食品時亦要多選低脂或脱脂的種類，而奶類當中，不少都加入糖分，所以無論是牛奶或豆奶，都要選不添加糖的品種。

血膽固醇水平偏高，有可能是遺傳的，亦可能因為不同的飲食因素，過量進食含膽固醇的食物就是其一。蔬菜、水果、五穀等食物不含膽固醇，只有肉食、魚類、海產、家禽及奶類含有膽固醇。當中雞蛋、動物皮層以及魷魚、膏蟹等海產的膽固醇水平較高，糖尿病患者在選擇食材時要比較小心。雞蛋、海產含其他豐富營養素，因此無須在飲食中完全戒絕。

在中國人的日常飲食中，我們較少會用到含高反式脂肪的油脂食材，大部分的反式脂肪都來自烘焙類食物，例如蛋卷、威化餅、酥皮餅、牛角酥等，所以自家煮食較少會攝取過量反式脂肪。至於飽和脂肪，日常煮食中比較常碰到的食材包括排骨、煲湯骨、腩肉、雞皮、雞翼、燒味、臘味、罐頭肉食及火鍋肉食等，糖尿病患者在家煮食時要多加留意。

不少人都以為不吃蛋、不吃魷魚、膏蟹等高膽固醇食物，血膽固醇水平自然會降。但造成高血膽固醇的最主要高危飲食因素，是飲食中含有過量飽和脂肪及反式脂肪。飽和脂肪及反式脂肪都是固體脂肪，飽和脂肪來自肉食的肥膏、雞皮、牛奶的脂肪、牛油、以及椰油、棕櫚油等植物脂肪，而反式脂肪則主要來自經氫化改造的植物油。過量進食，會增加肝臟製造膽固醇的份量，直接影響血膽固醇水平。

選用不飽和脂肪食油

至於煮食油方面，現在大部分的植物油配方的飽和脂肪水平相對偏低。為配合以單元不飽和脂肪作為主要脂肪部分的飲食建議，糖尿病患者可選用芥花籽油及橄欖油等含高單元不飽和脂肪的食油。當然，芥花籽油的味道較為清淡，比較適合烹調中式餸菜，但適用於煎煮的橄欖油種類，亦可用於一般烹調之中。

要抗衡高飽和脂肪飲食對血膽固醇水的影響，飲食上可多選擇高脂魚類（fatty fish）。大部分的高脂魚類均含豐富的多元不飽和脂肪，進食後不會被肝臟轉化成膽固醇，同時亦有降低血脂水平之效用，令血液循環更流暢，減少血管阻塞的機會。較為人熟悉的高脂魚包括三文魚及吞拿魚。但不少生活於寒冷水域的高脂魚類亦同時含豐富的多元不飽和脂肪，當中包括花鯖魚、沙丁魚、秋刀魚、多春魚等，款式之多變，能大大增加糖尿病患者的飲食選擇。

除了選擇適當的脂肪種類外，亦要多吃高纖維素食材，特別是含豐富水溶性纖維素的食材，最有助調節血膽固醇的水平。最為人熟悉的水溶性纖維素食材當然是燕麥片。燕麥片除可充當早餐外，亦可用來煮粥、煮飯、煮湯，市面上亦有原粒的燕麥粒可供選擇，用於米飯、湯飯等菜式。糙米、紅米、紫米等高纖五穀食材亦含有一定份量的水溶性纖維素，只要適當地作出碳水化合物的換算，便能在控制血膽固醇水平之餘，同時做到有效控制血糖的食療作用。

視力、神經及其他功能性退化

　　血液循環的其中一個主要作用是將養分運輸到有需要的器官，若果糖尿病病情沒有完全受控，血糖長時間處於高水平，過多的糖分會造成微血管病變，令養分無法有效輸送到所需器官，慢慢令器官功能下降。在眼球的微血管病變會引發視網膜病變，令視力衰退。在神經線附近的血管病變會引發神經線病變，病人會出現手、腳局部麻痺，甚至影響四肢協調能力。

　　要預防血管病變及器官功能的衰退，最有效的方法當然是有效控制血糖，同時亦要在飲食中多進食含豐富抗氧化元素的食材。最常見的抗氧代元素包括維他命 A、C、E，以及番茄紅素、生物異黃酮及多酚等多個種類。

營養素	來源	食用方法
維他命 A	胡蘿蔔、南瓜、黃心番薯等。	由於此類食材含一定碳水化合物成分，若果食量較多，需要作出適當的碳水化合物換算。
維他命 C	綠葉蔬菜、柑橘類水果、番茄、西蘭花及奇異果等多種蔬果。	糖尿病患者可按個人的飲食喜好作出選擇。
維他命 E	屬於脂溶性營養素，主要來自植物油及杏仁、核桃、葵花籽等堅果及種子類。	植物油的維他命 E 雖然豐富，因此無須故意增加煮食用油亦可為身體帶來充足的維他命 E。

營養師建議

堅果類食材可作為日常的小食，亦可加入小炒菜色之內。核桃、芝麻等食材可攪拌成粉狀，混入飲品之中。堅果及種子類食材的碳水化合物成分甚低，因此，食用時無須作出額外換算，但其油脂成分相對較高，食用需有節制，以免熱量過多。

食物中的血糖指數（Glycemic Index）

什麼是血糖指數？

　　顧名思義，「血糖指數」（Glycemic Index）就是量度進食個別食物後對血糖的影響的一種指數。傳統以來，我們都認為食物內的碳水化合物份量是影響血糖水平的唯一因素，若以此推斷，半碗白飯與一盒包裝檸檬茶同時含有 25 克的碳水化合物，那豈不是吃半碗飯與飲一包檸檬茶對血糖的影響是相同的？

　　稍有常識的人都知道兩者並不一樣，皆因食物糖分吸收的速度受多個因素影響，例如碳水化合物的種類（澱粉或是糖），食物纖維素的種類（水溶性及非水溶性纖維素），以及食物的其他營養成分（脂肪及蛋白質等）都會影響糖分吸收的速度及真正的血糖水平。而血糖指數正好是用來比較不同食物在進食後對血糖水平的影響。

　　要量度食物的血糖指數其實並不複雜，研究員先讓自願者進食含相同碳水化合物成分的食物，然後在進食後定時（15 分鐘、30 分鐘、45 分鐘、60 分鐘、90 分鐘、120 分鐘）進行血糖測試，然後從多個自願者的血糖波幅中取出一個平均值，與進食參考食物（例如白飯）後的血糖波幅作對照，運算出該食物的血糖指數，例如檸檬茶的血糖指數比白飯高，那表示以同樣的碳水化合物進食量，飲用檸檬茶後血糖的升幅比吃白飯高。亦即是說，一杯檸檬茶及半碗白飯的碳水化合物換算雖然相同，但對糖尿病患者來說，吃白飯肯定比飲檸檬茶更健康。

　　檸檬茶與白飯比較健康？當然不用比較其血糖指數亦能了解，但意大利粉和白米飯之間，進食哪種食物對血糖的影響較少呢？熟意大利粉的血糖指數為 42，白米飯的血糖指數為 57，亦即是說吃同等份量的碳水化合物，吃白米飯後血糖的升幅較高。

　　在一般的情況下：

血糖指數	代表血糖升幅
0-55	「低」
56-69	「中」
>70	「高」

各種食物都含有相若的碳水化合物份量，為什麼有的食物血糖指數高，有的則血糖指數低？食物進入消化道後會被分解，吸收，但食物的消化速度受多個外來因素影響，而食物營養成分上的不同正好解釋食物在血糖指數上的差異。

血糖指數

又稱「升糖指數」，是由澳洲悉尼大學分子生物科學學院的人類營養部門（Human Nutrition Unit, School of Molecular Biosciences, University of Sydney）研發，其研究工作主要是協助糖尿病患者及醫護人員更加了解不同食物內的碳水化合物成分對血糖水平的影響，其研究資料皆上載於 www.glycemicindex.com 免費讓公眾參閱。

澱粉的種類

五穀及根莖類食物是飲食中澱粉質的主要來源，但各種食物的澱粉質成分不一樣，其消化及吸收的速度亦不一。食物中的澱粉可分為澱粉醣（amylose）及支鏈澱粉（amylopectin），當中澱粉醣的份子結構較密，在烹煮時吸入較少水分，消化吸收的速度較慢，進食後血糖的升幅較低，相反，支鏈澱粉的組織較鬆散，煮食時吸入更多的水分，消化吸收的速度快，因此進食後血糖的升幅較高。

例子：

血糖指數	血糖指數
糯米飯（含較多支鏈澱粉）	98
紅腰豆（含較多澱粉醣）	28

這麼強烈的對比，表示糖尿病人不能吃用糯米煮成的米飯嗎？答案要視乎血糖的控制而定，若果血糖控制不穩，那或許要暫時避免進食糯米飯，改以白米飯、麵條等主糧取代。但若果血糖控制理想，糖尿病人仍可以進食一定份量的糯米飯，而不會大幅影響血糖水平。

事實上，量度食物血糖指數的原意在於找出對血糖影響較少的食物，讓糖尿病患者有多一些健康食材選擇。以紅腰豆或黃豆、眉豆等食材作例子，一般乾豆都給人澱粉質極高、較易影響血糖的感覺，但乾豆類的澱粉醣成分較高，相比起米飯、馬鈴薯等主食，對進食後的血糖水平影響較少；因此，健康飲食原則建議糖尿病患者在飲食中多選乾豆類食材。

澱粉食物的精鍊程度及食物加工

現代人對食物的要求高，追求食物的軟滑口感，因此都只會吃經打磨的米飯。米飯的澱粉原先藏於米糠之內，因此消化吸收的速度較慢，但經打磨的米飯，其澱粉成分被外露，較易被分解吸收，因此白米飯的血糖指數較糙米、紅米等高。

例子：

	血糖指數
粟米片	92
白米飯	57
糙米飯	50
全麥麩（all bran）	38

從表面來看，白米飯及糙米飯的血糖指數差別不大，但長期食用糙米飯，對穩定血糖的好處則較為明顯。再者，糙米飯較白米飯含有更多的膳食纖維素及礦物質，因此糙米飯始終是較健康的米飯選擇。糖尿病患者可吃純糙米飯，又或是以白米、糙米混合做成糙白米飯都可獲得其健康好處。

另一方面，食物加工亦會影響食物內碳水化合物的吸收，例如同樣是燕麥片，以傳統滾筒式壓製成的原片燕麥片，其血糖指數為51，但經加工製作的即成燕麥片，其澱粉成分外露於燕麥片外，因此較易被消化吸收，其血糖指數亦上升至66。當然，採用哪種燕麥片要視乎個人的喜好及烹煮的方法，但總體而言，糖尿病者宜選擇少經加工的天然食材。

膳食纖維素的濃稠程度

水溶性纖維素吸水後會變得濃稠,阻慢澱粉質的分解、吸收,因此含豐富水溶性纖維素的蘋果(血糖指數 40)及燕麥片(血糖指數 51),在進食後對血糖的波幅影響較少。相反,同樣是穀類食物,含較多非水溶性纖維素的全麥包及早餐麥片進食後對血糖的影響較高。糖尿病患者可將燕麥片混入其他穀類食物或湯水之中,增加飲食的水溶性纖維素,同時作出適量的碳水化合物換算,便能控制餐後血糖波幅。

食物的精煉糖成分

早餐麥片普遍纖維素含量高、脂肪低,同時熱量不高,因此是不錯的早餐、小食食材。但部分早餐麥片加入不少砂糖(即所謂的精煉糖),令血糖指數上升,所以相比起加入砂糖的米通穀物早餐(血糖指數 82),沒加糖的全麥麩加提子乾(血糖指數 61)是較佳的早餐選擇。

食物蛋白質成分

食物的蛋白質成分需要較長的時間消化、吸收,因此,進食含蛋白質的食物會令食物較長時間停留在胃部,減慢血糖上升的速度。例如跟吃淨米粉相比,雞絲米粉內的雞肉蛋白質需要較長時間分解吸收,所以吃淨米粉血糖上升的速度較快,亦所以糖尿病人不宜只吃飯、不吃餸。

煮食方法

在煮食過程中,米飯粒會吸水發漲,當中的澱粉質會被溶解方便吸收,但將五穀類食材煮至完全稀爛,亦同時加快糖分的吸收。例如剛煮至有嚼勁(al dente)的

意粉的血糖指數為 44，但香港人愛將意粉煮至稔身，其血糖指數亦會上升至 66。這並不代表「生吃」米粒、意粉最好，但我們烹煮時還是要在易入口和保留一定消化難道之間取得平衡。

水果與血糖水平

水果類是抗氧化營養素及礦物質的主要來源，但怎樣吃水果才不會影響血糖水平最為糖尿病患者關心。不少人都相信「飯後果」有益健康，但無論什麼水果都含有一定的糖分，於正餐時一併進食豈不會令血糖負荷增加？每份水果（1 個大蘋果、1 個大橙）一般含有大概 15-20 克的糖分，而正餐米飯主糧的碳水化合物成分是 40-80 克不等，主要視乎個人體重及活動量而定，但總體而言，水果的糖分約佔整個正餐的 1/4 至 1/3。

水果的糖分會否影響餐後血糖水平要按個別病人而定。部分血糖水平控制理想的糖尿病患者，進食飯後果對血糖水平並無特別影響，皆因水果含有水溶性纖維素，在消化道中吸收水分後膨脹，減慢糖分的吸收速度。但對於個別血糖控制不佳的糖尿病患者來說，水果所帶來的額外糖分卻會對餐後血糖水平構成壓力。若血糖控制未如理想，或可在餐後 2 小時後才進食水果，減少水果糖分對血糖的影響。

部分嗜甜的糖尿病患者喜愛以水果取代高糖小食，這個做法本是相當健康，但若果水果吃得多，即使是來自水果的糖分仍會對血糖造成影響。健康的飲食建議是每天進食最少 3 份蔬菜及 2 份水果，若血糖控制不錯，那多吃一、兩份水果作為小食本無大礙；但若果水果食量驚人，始終有損血糖穩定。

不少人懶吃水果，改以果汁代替。但從碳水化合物換算的角度來看，果汁的糖分與汽水、紙包飲品相若。或許有讀者認為鮮果汁營養豐富，不該與汽水相提並論，但每杯果汁最少也含 2 至 3 份水果的糖，例如 1 杯 200 毫升的純橙汁便含有相等於 3 個橙或 40 克的糖，其糖分水平較紙包飲品更高，同時，鮮果汁的纖維素較新鮮水果低，因此，對糖尿病患者來說，飲鮮果汁並不是代替吃鮮果的最理想方法。亦由於果汁的糖分甚高，糖尿病患者在飲用時必須從份量控制方面着手。

食物中的抗氧化元素

黃豆是抗氧化元素的另一個重要來源，黃豆的異黃酮除了是強效的抗氧化元素外，亦有預防骨質疏鬆症的作用。我們可從黃豆蛋白中吸收豐富的抗氧化元素，豆腐、鮮腐竹及支竹都是理想的黃豆蛋白食材。近年本地流行素食，但不少豆製加工食材（例如素鵝、素肉等）鹽分相當高，加上人工色素及添加劑，並不是理想的豆蛋白食材。

豆漿亦是豆蛋白及異黃酮的重要來源，但市面上不少豆漿都加入砂糖調味，即使是標榜低糖的種類，飲用 1 支，加起來的糖分亦相當可觀。糖尿病患者可另選「不添加糖」或「原味」的豆漿，就不會怕糖分超標。

植物性食物蘊含多樣化的抗氧化元素。綠茶、番茄、野莓類水果都是豐富的抗氧元素來源，只要奉行均衡飲食原則，多作不同的蔬果選擇，便能在滿足身體基本營養需要外，達到抗衰老、抗功能衰退的作用。

怎樣利用血糖指數？

血糖指數只能反映在進食單一食物後的血糖變化，而日常飲食中則以多種食材配搭才能結合成一個整餐。但從認識食物的血糖指數，我們可以學習到一個採用天然、不加工的飲食，以及多選取高纖維素食材，特別是水溶性纖維豐富的食物，對控制血糖有莫大的益處。

另一方面，就算個別食物的血糖指數低，亦不等於我們可以肆意進食，因低血糖指數食物的糖分吸收雖然較慢，並不代表不會吸收，若果沒有好好按照碳水化合物的換算而任意進食低血糖指數，但含高碳水化合物的食物，糖尿病患者仍是要面對血糖不受控的困境。

食物血糖指數列表

五穀類食物	份量	血糖指數	碳水化合物（克）
白米飯（多種類）	1 碗	76-89	48
糙米飯（多種類）	1 碗	66-72	33
脆米早餐*	1 碗	82	26
朱古力味脆米早餐*	1 碗	77	26
早餐粟米片*	1 碗	75	25
白方包	1 片	71	15
彼得包（pita bread）	1 片（細）	68	15
牛角包	1 個	67	26
早餐粟米片配脫脂奶	1 碗	65	25
米粉	1 碗	61	39
全麥包	1 片	59	11
乾果全麥包	1 個	47	14
通心粉	1 碗（大）	45	49
意大利粉	1 碟	42	48
全麥麩	1 碗	30	30

高澱粉蔬菜	份量	血糖指數	碳水化合物（克）
薯仔粒（焓）	大半碗	96	26
甘筍粒（焓）	大半碗	49	5
粟米	1/2 碗	55	16
南瓜（焓）	大半碗	51	6
番薯（焓）	大半碗	44	25
芋頭（焓）	大半碗	35	36

資料來源：www.glycemicindex.com，悉尼大學

* 早餐麥片加奶食用的血糖指數相對較「淨吃」低。
  「低」血糖指數 0-55；
  「中」血糖指數 56-69；
  「高」血糖指數 > 70。

乾豆類食物	份量	血糖指數	碳水化合物（克）
茄汁焗豆	大半碗	40	15
三角豆（焓）	1 碗	36	30
紅腰豆（焓）	1 碗	29	25

奶類及飲品	份量	血糖指數	碳水化合物（克）
可樂	1 杯（250 毫升）	63	26
檸檬茶	1 杯（250 毫升）	54	27
鮮橙汁	1 杯（250 毫升）	46	26
加糖豆奶	1 杯	43	16
全脂奶	1 杯	34	12
脫脂奶	1 杯	32	13
低脂奶	1 杯	30	13
原味豆奶	1 杯	21	8

水果	份量	血糖指數	碳水化合物（克）
西瓜	2 片	72	6
芒果	1/2 個（大）	51	15
香蕉	1 隻（中）	47	24
奇異果	1 個（大）	47	12
提子	10 粒	43	17
橙	1 個	40	11
蘋果	1 個	40	16
士多啤梨	6 粒（中）	40	3
啤梨	1 個（細）	33	13

　　選擇食物時，除選擇血糖指數較低的食材外，亦要注意該食物的碳水化合物含量。

餐單實例分析

　　糖尿病患者的營養需要受年齡、體重、運動量及血糖控制等多個因素影響，沒有單一餐單適合所有人，以下提供兩個簡單案例及一天飲食建議以供參考：

案例 1

女性，45 歲，體高 1.58 米，體重 60 公斤，體重指數：24.0（過重）

運動量：低至中　　　HbA1c（糖化血紅素）水平：4.9%（正常）

基礎熱量需要：1500 千卡路里（以達致體重平穩下降的效果）

一天餐單實例

	食物	份量	碳水化合物換算（克）
早餐	雜豆上湯長通粉	1 碗	50
	低脂奶	1 杯	10
午餐	青瓜三文魚籽刺身飯	1 碗	50
	綠茶	1 杯	0
	桃駁梨	1 個	12
下午茶	焗果仁	2 湯匙	0
	無糖豆漿	1 杯	10
晚餐	帶子紅白米湯飯	1 碗	50
	蒜茸白菜仔	1 碗	5
晚點	蘋果	1 個（大）	15
合共			202 克

餐單營養分析

	實際營養需要	一天餐單分析
熱量（千卡路里）	1500	1453
總脂肪（克）	50	45
飽和脂肪（克）	17	12
碳水化合物（克）	206	202
蛋白質（克）	56	60
鹽分（毫克）	2000	1680
膽固醇（克）	300	115
纖維素（克）	20	23

案例 2

男性，55 歲，體高 1.68 米，體重 72 公斤，體重指數：25.5（肥胖）

運動量：低　　HbA1c（糖化血紅素）水平：7.1%（超標）

基礎熱量需要：2650 卡路里

建議熱量攝取：2150 千卡路里（以達每星期減去 1 磅脂肪的目標）

一天餐單實例

	食物	份量	碳水化合物換算（克）
早餐	芝士番茄三文治（全麥包）	1 份	35
	原味豆漿	1 杯	10

	食物	份量	碳水化合物換算（克）
午餐	茄汁肉碎意大利粉	1 碟	70
	熱咖啡	1 杯	0
	沙律水果杯	1 杯	15
下午茶	牛奶燕麥片	1 碗	30
	紅莓乾	1 湯匙	10
	杏仁碎	1 湯匙	0
晚餐	去皮海南雞飯	1.5 碗	70
	上湯芥蘭	1 碟	5
晚點	木瓜	1/3 個	20
合共			270 克

餐單營養分析

	實際營養需要	一天餐單分析
熱量（千卡路里）	2150	2088
總脂肪（克）	83	72
飽和脂肪（克）	27.5	25
碳水化合物（克）	270	270
蛋白質（克）	81	90
鹽分（毫克）	2000	2350
膽固醇（克）	300	220
纖維素（克）	30	28

第二章

糖尿病患者營養食譜

蔬菜類

蔬菜食材含豐富維他命 C、葉酸、鈣、鐵等營養素，其膳食纖維素有助延緩糖分吸收，減低餐後血糖上升幅度；唯不少根莖蔬菜含較高碳水化合物，進食後同樣會被轉化為血糖，須與穀類食材進行碳水化合物換算。

相對各種根莖類蔬菜，葉菜的碳水化合物成分普遍較低，適合糖尿病患者用作老火湯的主要材料。

14 g 脂肪	7 g 碳水化合物	44 g 蛋白質	9.5 g 膳食纖維	1250 mg 鈉質	330 kcal 能量

西洋菜煲豬瘦肉

4 人份量

 材料

西洋菜...........................600 克

豬肉 ....400 克

鴨腎 ....1 個

陳皮 ....1 角

清水 ....8 杯

調味料

鹽 ....適量

 做法

1　先將西洋菜洗淨，切開兩半，陳皮浸軟去瓤。

2　鴨腎用熱水浸軟，與豬肉一同切粒汆水備用。

3　凍水放入所有材料，中至慢火煲 45 分鐘，食用時加入少量鹽調味即成。

 煮食小貼士 預先將鴨腎汆水可將異味去除，配合肉食材料，有助提升湯水的鮮味。

營養師提提你

雖然冬瓜及蓮子皆含少量碳水化合物，但由於成分較低，少量進食無須進行碳水化合物換算。

39 g 脂肪	**7 g** 碳水化合物	**72 g** 蛋白質	**8.1 g** 膳食纖維	**980 mg** 鈉質	**667 kcal** 能量

冬瓜蓮子豬瘦肉湯

4 人份量

 材料

冬瓜 .... 600 克

豬瘦肉..................................... 350 克

蓮子 .... 20 粒

瑤柱 .... 2 粒

乾蓮葉.. 1/2 片

清水 .... 6 杯

調味料

鹽 .... 適量

 做法

1 冬瓜去皮切大件，瑤柱用熱水浸軟。

2 豬瘦肉粒氽水備用，蓮葉清洗後剪成細片。

3 凍水放入所有材料，中至慢火煲 50 分鐘。

4 食用時加入少量鹽調味即成。

 煮食小貼士 冬瓜經烹煮後會溶化，若要進食較完整的冬瓜件，烹煮時可將瓜皮保留。

營養師提提你

與老火湯比較，滾湯材料的脂肪及碳水化合物成分相對較低，糖尿病患者日常飲食可多選擇滾湯，以控制脂肪及糖分的攝取。

14 g 脂肪	9 g 碳水化合物	39 g 蛋白質	3.2 g 膳食纖維	720 mg 鈉質	318 kcal 能量

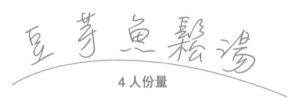

4 人份量

 材料

黃豆芽.....................................200 克

鯪魚滑.....................................120 克

金華火腿絲.................................10 克

薑...2 片

清水 ....2 杯

 做法

1　起鑊加入少量植物油。

2　爆香薑片，加入黃豆芽炒香，再加金華火腿絲略炒。

3　注入清水煮滾，用湯匙將魚滑撥入豆芽湯中，待魚滑浮面即成。

煮食小貼士 大部分在市面出售的鯪魚滑已調味，在加入食鹽調味前先要試味，以免身體攝取過多鹽分。

營養師提提你

螺片屬低脂海產食材，配搭合掌瓜及瑤柱等食材，正好為糖尿病患者提供低脂低糖的理想湯水組合。

34 g 脂肪	14 g 碳水化合物	72 g 蛋白質	6.2 g 膳食纖維	1170 mg 鈉質	650 kcal 能量

合掌瓜螺片湯

4 人份量

 材料

豬瘦肉..........................250 克

螺片 ....4 片

瑤柱 ....2 粒

合掌瓜（大）.....................1 個

南杏 ....2 湯匙

清水 ....8 杯

調味料

鹽...................................適量

 做法

1 先用熱水將螺片浸1小時，隔水備用。

2 另將瑤柱浸軟，合掌瓜切大件。

3 豬瘦肉切粒汆水，再用清水沖洗。

4 凍水放入湯料，中慢火煲 50 分鐘，下鹽調味即成。

 煮食小貼士 烹煮前先將海產浸泡，可去除部分海水味，令湯水更鮮甜。

西蘭花外表的莖部與根莖蔬菜相近，但其碳水化合物成分並不高，以我們日常「只吃葉部不吃莖」的習慣進食，並不會為身體帶來大量糖分。

| 17 g 脂肪 | 13 g 碳水化合物 | 12 g 蛋白質 | 14 g 膳食纖維 | 820 mg 鈉質 | 253 kcal 能量 |

上湯竹笙西蘭花

4 人份量

 材料

竹笙 .... 30 克
西蘭花 .... 2 個（細）
金華火腿茸 .... 1 湯匙
薑米 .... 1 湯匙
上湯 .... 1/2 杯
清水 .... 1/2 杯
植物油 .... 1 湯匙

 做法

1 先將西蘭花切成細塊。

2 竹笙用清水浸軟，將頭尾剪去，汆水後擠乾水備用。

3 起鑊加入植物油，爆香薑米，加入西蘭花略炒。

4 注入上湯及清水，再加金華火腿茸，煮滾後加入竹笙略煮即成。

 煮食小貼士 將上湯及清水混合烹煮菜式，可增加餸菜的風味，又不會令鹽分攝取超標。

南瓜外表結實，看似含高碳水化合物，但南瓜肉中接近百分之九十的重量實為水分，因此仍適合糖尿病患者用於烹煮餸菜及煮湯。

19 g 脂肪	27 g 碳水化合物	23 g 蛋白質	8 g 膳食纖維	1280 mg 鈉質	371 kcal 能量

茄膏南瓜湯燴大蝦

2 人份量

 材料

大蝦	4 隻
南瓜肉	200 克
西芹	1 條
大葱	1 條
香葉	2 片
薑	2 片
上湯	1/2 杯
清水	3/4 杯

調味料

茄膏	1 湯匙
鹽	1/2 茶匙
黑胡椒	少許

 做法

1 先將大蝦剪鬚、去腸，用布抹乾。

2 南瓜肉切幼粒，西芹、大葱切粒。

3 起鑊爆香薑片，加入大蝦煎香。

4 加入茄膏略炒，再加南瓜、西芹、大葱、香葉。

5 注入上湯及清水滾煮 5 分鐘。

6 最後加入鹽及黑胡椒調味即成。

 煮食小貼士 加入少量的茄膏，經過中、慢火拌炒的過程，會令湯水充滿濃郁的茄香。

營養師提提你

將南瓜及其他蔬菜一併煮成蔬菜煲，取代飲食中的部分肉食，有助長遠控制體重及血糖水平。

32 g 脂肪	41 g 碳水化合物	12 g 蛋白質	17 g 膳食纖維	1350 mg 鈉質	500 kcal 能量

陳醋南瓜蔬菜煲

4 人份量

 材料

圓型南瓜 .... 1/3 個
紫洋葱 .... 1 個
法邊豆 .... 300 克
椰菜花 .... 1/2 個
香葉 .... 4 片
白酒 .... 1/2 杯
上湯 .... 1 杯

調味料

鹽 .... 2/3 茶匙
黑胡椒 .... 少許
陳年米醋 .... 2 湯匙
橄欖油 .... 2 湯匙

 做法

1 先將南瓜去皮，切件。

2 紫洋葱切開 8 件，椰菜花切件。

3 起鑊注入橄欖油，加入洋葱略炒。

4 加入南瓜、椰菜花炒匀，再加入法邊豆。

5 少至南瓜略為轉色，注入白酒及上湯。

6 加入米醋、白葉，中慢火炆煮 10-15 分鐘。

7 最後加入鹽調味即成。

 煮食小貼士 米醋、南瓜及洋葱皆含有糖分，若炆煮的水分不足，可注入額外清水炆煮，避免蔬菜燒焦。

營養師提提你

外出進食「撈汁」最怕醬汁肥膩，而事實上烹煮醬汁時常會加大量食油或保留肉食的脂肪。相反在家用茄肉煮汁，不單可吃到更多蔬菜營養，亦可掌握用油份量，食得更加放心。

34 g 脂肪	**24 g** 碳水化合物	**33 g** 蛋白質	**7.2 g** 膳食纖維	**2350 mg** 鈉質	**534 kcal** 能量

茄肉炆茄子

4 人份量

 材料

茄子	1 條
罐裝番茄肉	1 罐
碎牛肉	80 克
洋葱	1/3 個
香葉	2 片
蒜茸	3/4 湯匙
松子仁	2 湯匙

調味料

鹽	3/4 茶匙
生抽	1/2 湯匙
黃糖	2 茶匙
紹酒	2 湯匙
黑胡椒	少許

 做法

1 預先將松子仁炒香備用。

2 碎牛肉用鹽、生抽醃 10 分鐘。

3 洋葱切粒、茄子切粗粒。

4 起鑊爆香蒜茸，加入牛肉、洋葱略炒。

5 加入茄子粒炒勻，潷酒，加入香葉。

6 注入番茄肉將茄子炆煮 6-8 分鐘。

7 加入黃糖調味，灑上黑胡椒及松子仁即成。

 煮食小貼士 在番茄醬汁烹煮完成後，淋上少量橄欖油，可令醬汁更滑更有光澤。

研究指出植物黏性物質有助延緩糖分的吸收，達至控制血糖的效果。秋葵正是含黏性物質較高的蔬菜食材，可以作小炒、煮湯及炆煮菜式。

19 g 脂肪	23 g 碳水化合物	11 g 蛋白質	11 g 膳食纖維	1120 mg 鈉質	307 kcal 能量

秋葵蔬菜煮

4 人份量

材料

秋葵 .... 200 克
車厘茄 .... 150 克
甘筍片 .... 50 克
蒜茸 .... 1 湯匙
椰菜苗 .... 120 克
開心果碎 .... 2 湯匙

調味料

清水 .... 1/3 杯
鹽 .... 1/3 茶匙
生抽 .... 1/3 湯匙
豆瓣醬 .... 1/2 湯匙
黃糖 .... 2 茶匙

做法

1 起鑊爆香蒜茸，加入椰菜苗及秋葵略炒。

2 加入甘筍片及車厘茄，注入清水。

3 中慢火將蔬菜炆煮 6-8 分鐘，至車厘茄肉散開。

4 加入鹽、生抽、糖及豆瓣醬調味。

5 上碟後灑上開心果碎即成。

煮食小貼士 在烹煮好的餸菜上加一點開心果仁碎、杏仁碎、花生碎，能令簡單的菜式更有質感。

營養師提提你

沙律醬雖含醣質，但少量應用於烹煮餸菜，並不會對整體醣分攝取造成太大影響；用於炒蛋，亦會令炒出來的蛋更滑、更香。

19 g 脂肪	9 g 碳水化合物	31 g 蛋白質	4.3 g 膳食纖維	1140 mg 鈉質	331 kcal 能量

泡菜蘑菇沙律炒蛋

2 人份量

 材料

泡菜	50 克
蘑菇	8 粒
洋葱	1/3 個
雞蛋	3 隻
清水	1/3 杯
葱花	1/2 湯匙

調味料

鹽	1/2 茶匙
低脂沙律醬	2 湯匙
胡椒粉	少許
紹酒	1 湯匙

 做法

1 先將洋葱、泡菜切絲，蘑菇切片。

2 雞蛋及清水拌勻，再拌入沙律醬、鹽及胡椒粉。

3 起鑊炒香洋葱，灒酒，再加入蘑菇炒至蘑菇水份暫乾。

4 加入泡菜，注入蛋漿快速炒勻，灑上葱花即成。

 煮食小貼士 將蘑菇炒至乾水，可增加蘑菇的風味，令炒出來的滑味道更濃厚。

營養師提提你

糖尿病患者的飲食多以清淡的烹煮方法，有時難免有點單調。以菇菌類的天然氨基酸成分配合魚湯烹煮蔬菜，可令蔬菜更加鮮味，餸菜變化更多。

| **11 g**
脂肪 | **14 g**
碳水化合物 | **9 g**
蛋白質 | **6.7 g**
膳食纖維 | **910 mg**
鈉質 | **191 kcal**
能量 |

蘑菇牛肝菌魚湯津白

4 人份量

 材料

牛肝菌	30 克
蘑菇	4 粒
黃芽白	1/2 棵
無花果乾	2 粒
薑	2 片
魚湯	3/4 杯
清水	1/2 杯

調味料

鹽	1/3 茶匙
植物油	1/2 湯匙
胡椒粉	少許

 做法

1 黃芽白去頭切片，蘑菇切片。

2 牛肝菌用水浸 15 分鐘，擠乾水備用。

3 起鑊加入植物油，爆香薑片、蘑菇片，加入黃芽白，再注入魚湯、清水，加入無花果、牛肝菌。

4 滾起後再煮 6 分鐘至黃芽白軟身，最後加入鹽及胡椒粉調味即成。

 煮食小貼士 夏天時黃芽白不當造，可以用娃娃菜取代黃芽白烹煮此菜色。

x

糖尿病患者飲食該以低脂低膽固醇為主，但配搭低油烹調方法，糖尿病患者無須戒絕雞蛋及蛋類菜色。

47 g 脂肪	14 g 碳水化合物	35 g 蛋白質	3.5 g 膳食纖維	1650 mg 鈉質	619 kcal 能量

素菜蛋角

4 人份量

 材料

韭菜	80 克
雞蛋	4 隻
冬菇	4 隻
南瓜肉	80 克
甘筍絲	2 湯匙
薑絲	1 湯匙
清水	1/4 杯

調味料

植物油	1.5 湯匙
XO 醬	1/2 湯匙
鹽	1/2 茶匙
胡椒粉	少許

 做法

1 韭菜切段，冬菇浸軟切絲，南瓜肉刨絮。

2 起鑊，加入 1/2 湯匙植物油，爆香薑絲，加入甘筍絲、南瓜絲、冬菇絲炒勻，再加韭菜略炒。

3 將雜菜上碟，拌入雞蛋及清水，再加入鹽、胡椒粉及 XO 醬調味。

4 起鑊，加入 1 湯匙植物油，注入蛋漿，大火煎 1 分鐘後翻轉，蓋上鑊蓋焗 1 分鐘。上碟前將煎蛋切成蛋角即成。

 煮食小貼士 在蛋漿中混入少量清水，能令蛋漿更滑，蛋角更鬆軟。

營養師提提你

椰菜花的碳水化合物成分略高於其他葉菜，但其蘿蔔硫素成分有預防癌症之效，因此，在細心作換算的情況下，糖尿病者亦可在飲食中加入椰菜花、西蘭花等花椰菜類食材。

21 g 脂肪	5 g 碳水化合物	17 g 蛋白質	6.5 g 膳食纖維	1160 mg 鈉質	277 kcal 能量

椰菜花雲耳肉鬆

4 人份量

 材料

豬肉碎 .... 60 克
西芹 .... 2 條
椰菜花 .... 1/2 個
雲耳 .... 4 朵
薑汁 .... 1 湯匙
清水 .... 1/4 杯

調味料

紹酒 .... 1 湯匙
植物油 .... 1 湯匙
生抽 .... 1/2 湯匙
鹽 .... 1/4 茶匙

 做法

1 先將椰菜花切成細棵，西芹切段。

2 雲耳用水浸軟，再切成細塊。

3 豬肉碎混入薑汁、鹽及生抽醃 10 分鐘。

4 起鑊，加入植物油，放入椰菜花略炒。

5 將椰菜花撥向一邊，加入肉碎及雲耳炒開。潷酒，再放入芹菜炒勻，加入清水將椰菜花煮軟即成。

 煮食小貼士 將椰菜花切成細棵可縮短煮食的時間，保留更多蔬菜營養。

營養師提提你

糖尿病患者可多吃番茄，攝取維他命 C 及茄紅素等抗氧化元素。烹煮過程能令茄紅素更容易吸收，配合牛蒡糙米等高纖食材，恰好為糖尿病患者補充身體必須的多種維他命及礦物質。

| 27 g 脂肪 | 119 g 碳水化合物 | 22 g 蛋白質 | 14.1 g 膳食纖維 | 870 mg 鈉質 | 807 kcal 能量 |

番茄牛蒡漬湯飯

2 人份量

 材料

豬肉碎	80 克
秀珍菇	30 克
牛蒡漬物	6 條
番茄	2 個
糙米飯	2 碗
葱花	1 湯匙
上湯	1 杯
清水	1 杯

調味料

植物油	1 湯匙
鹽	1/4 茶匙
胡椒粉	少許

 做法

1 先將番茄切件，牛蒡漬物、秀珍菇切粒，肉碎用鹽及胡椒粉醃 10 分鐘。

2 起鑊，加入植物油，爆香番茄、肉碎，再加入秀珍菇炒勻。

3 注入清水及上湯，加入牛蒡粒煮滾，再加糙米飯拌勻，灑上葱花即成。

 煮食小貼士 牛蒡漬物味帶甘甜，適用於滾湯、炒菜等多種煮食方法。

淨吃粉、麵而不加入任何配料，會令糖分吸收較快，因此烹煮粉麵時宜加入少量肉食，讓食材的蛋白質成分減慢消化吸收的速度。菜肉煨麵正好是一個典型例子。

| 21 g 脂肪 | 109 g 碳水化合物 | 31 g 蛋白質 | 11 g 膳食纖維 | 720 mg 鈉質 | 749 kcal 能量 |

菜肉煨麵

2 人份量

 材料

蕎麥麵條	140 克
小棠菜	150 克
雞柳	60 克
薑米	1/2 湯匙
甘筍茸	1 湯匙
上湯	1 杯
清水	1 杯

調味料

生粉水	2 湯匙
植物油	1/2 湯匙
鹽	1/3 茶匙
胡椒粉	少許

 做法

1 先用清水將蕎麥麵煮 3 分鐘，隔水備用。

2 雞柳切粒，用鹽醃 10 分鐘，小棠菜切粒。

3 起鑊，加入植物油，爆香薑米、雞柳，再加小棠菜炒勻，注入少量清水將小棠菜煮熟，加入生粉水勾芡。

4 另將上湯混入清水煮滾，加入蕎麥麵拌勻，用湯碗盛載，將蔬菜及雞粒淋於蕎麥麵上即成。

 煮食小貼士 烹煮蕎麥麵時在煮麵水中加入少量食鹽，能令麵身更爽更韌。

營養師提提你

在烹煮甜酸或其他帶甜味的餸菜時，可以自行用調味料混合成甜味醬汁，取代合成醬汁，更容易了解飲食中的糖分攝取，對控制整體碳水化合物吸收更有把握。

25 g 脂肪	82 g 碳水化合物	7 g 蛋白質	7 g 膳食纖維	1700 mg 鈉質	581 kcal 能量

雜菜炒麵

2 人份量

 材料

韓式全蛋麵.. 2 個

椰菜絲... 1/4 個

甘筍絲.. 80 克

洋蔥 .... 1/2 個

韭菜 .... 80 克

粟米仔... 6 條

薑絲 .... 1/2 湯匙

芝麻粒... 1 湯匙

清水 .... 3 湯匙

調味料

老抽 .... 1/2 湯匙

生抽 .... 1/2 湯匙

鹽 .... 1/3 茶匙

黃糖 .... 1 湯匙

橄欖油... 1 湯匙

麻油 .... 1 湯匙

 做法

1　先用滾水將全蛋麵煮 2 分鐘至軟身，隔水備用。

2　洋蔥切幼絲，用清水略浸，粟米仔切幼絲。

3　起鑊注入橄欖油，爆香薑絲，加入椰菜、甘筍絲略炒。

4　注入清水將蔬菜炒至軟身，加入粟米仔、洋蔥及韭菜。

5　再加老抽、生抽、鹽及糖等調味料。

6　拌入已煮熟的全蛋麵，拌勻，灑上芝麻及淋上麻油即成。

 煮食小貼士　在烹煮少麵時，於上碟前一刻淋上少量麻油，可保持粉麵的濕軟度，易於進食，又不致於烹煮過程中加入過量油分。

肉類

肉類食材含豐富肉食蛋白質、鐵、鋅及多種維他命 B，同時含較低糖分。減少進食肥膏、皮層及加工肉類，降低攝取飽和脂肪，便能保障血管健康，預防糖尿病引發的併發症。

營養師提提你

牛肉雖較白肉含更多飽和脂肪，但偶爾進食，卻能為身體補充豐富的鐵質，以肉食及洋蔥烹煮清湯，對比傳統的老火湯，其碳水化合物成分相對偏低。

17 g 脂肪	14 g 碳水化合物	24 g 蛋白質	4.1 g 膳食纖維	1310 mg 鈉質	305 kcal 能量

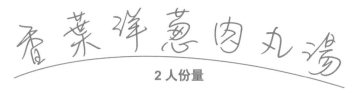

香葉洋蔥肉丸湯

2 人份量

 材料

牛肉	80 克
迷迭香	2 棵
香葉	2 片
西芹	2 條
洋蔥	1 大個
上湯	1 杯
清水	1/2 杯

調味料

白酒 / 紹酒	2 湯匙
麵粉	1 湯匙
鹽	1/2 茶匙
黑胡椒碎	少許

 做法

1 先將洋蔥切圈，西芹切粒，迷迭香切碎。

2 將牛肉及迷迭香混合，加入鹽、麵粉、黑胡椒，搓成手指頭般大小的球狀。

3 起鑊加入少量煮食油，慢火炒香洋蔥至軟身，加入牛肉丸略煎，灒酒，注入清水、上湯，加入香葉、西芹粒。

4 將材料煮滾，再煮 3 分鐘，再加黑胡椒調味即成。

 煮食小貼士 用迷迭香或其他香草混入牛肉做成牛肉丸，可大大減低牛肉的羶味。

營養師提提你

一般牛腰湯都會加入紅蘿蔔烹調，但其碳水化合物成分偏高，因此可以清煮牛腰湯取代。龍眼肉雖含有水果糖分，但少量進食，並不會對血糖水平有嚴重影響。

51 g 脂肪	17 g 碳水化合物	93 g 蛋白質	1.2 g 膳食纖維	720 mg 鈉質	899 kcal 能量

龍眼肉清煲牛腰湯

4 人份量

 材料

牛腰 ....2 件（約 400 克）

龍眼肉.................................. 10 粒

陳皮 .... 1 角

清水 .... 8 杯

調味料

鹽..................................適量

 做法

1 先將牛腰切粗粒，汆水備用。

2 陳皮用水浸泡後去瓤。

3 凍水加入所有材料，中至慢火煲 50 分鐘，食用時可加入少量鹽調味即成。

 煮食小貼士 選擇體積較細的牛腰煲湯，肉食相對比較嫩滑，湯料仍可供食用。

營養師提提你

糖尿病人的飲食以清淡為主，以蔬菜配合少量肉食材料清煲或清燉的湯水最為適合。

12 g 脂肪	17 g 碳水化合物	38 g 蛋白質	11 g 膳食纖維	1150 mg 鈉質	328 kcal 能量

火腿百頁紹菜湯

4 人份量

 材料

百頁結 .... 150 克

金華火腿 .... 4 片

紹菜 .... 1/3 棵

清水 .... 6 杯

 做法

1 先將金華火腿切片，用熱水沖洗。

2 紹菜切去中央較硬部分，再切成厚片。

3 凍水放入火腿片及紹菜，慢火煲 45 分鐘至 1 小時。

4 待紹菜稔軟後加入百頁結滾煮 5 分鐘即成。

 煮食小貼士 金華火腿及百頁結均含有一定鹽分，應先試味才決定是否需要加鹽調味。

66

| 28 g 脂肪 | 4 g 碳水化合物 | 115 g 蛋白質 | 1.5 g 膳食纖維 | 850 mg 鈉質 | 728 kcal 能量 |

羊肚菌燉竹絲雞

4 人份量

 材料

羊肚菌 .... 6 隻

竹絲雞 .... 1 隻

陳皮 .... 1 角

清水 .... 4-5 杯

調味料

鹽 ....適量

 做法

1　先用熱水將羊肚菌浸泡，擠乾水備用，陳皮浸軟去瓤。

2　竹絲雞去皮去頸，氽水後用清水沖洗，去除雞肉上多餘脂肪。

3　將雞、羊肚菌、陳皮及清水放入燉盅內。

4　隔水慢火燉最少 90 分鐘，食用時加入少量鹽調味即成。

 煮食小貼士　在選擇竹絲雞時可選皮下脂肪較少的，有助省卻不少清洗除脂的時間。

營養師提提你

排骨屬脂肪較高的肉食，炆煮前宜先「汆水」，再加沖洗以減少肉食的飽和脂肪成分。

52 g 脂肪	9 g 碳水化合物	79 g 蛋白質	3.2 g 膳食纖維	1650 mg 鈉質	820 kcal 能量

胡椒白蘿蔔炆排骨

4 人份量

 材料

一字排骨	400 克
白蘿蔔	1 條（中）
白胡椒粒	2 湯匙
甘草片	數片
蒜頭	8 粒
清水	1.5 杯
植物油	1 湯匙

調味料

鹽	3/4 茶匙

 做法

1 先將白蘿蔔去皮切件。

2 用大滾水將排骨煮 2 分鐘，再用水喉水沖洗乾淨。

3 起鑊，加入植物油，爆香蒜頭及排骨。

4 加入蘿蔔件，注入清水，加入胡椒粉、甘草片炆煮 30 分鐘，待豬肉離骨後加入鹽調味即成。

 煮食小貼士　炆煮扒骨、豬肉時加入甘草片，可去除急凍豬肉的肉羶味。

營養師提提你

醫學研究顯示，人參的人參皂苷成分有助擴張血管，預防血管閉塞，保護心、腦血管人健康，其糖分含量亦不高，適合糖尿病患煮烹調湯水之用。

15 g	11 g	49 g	9.8 g	880 mg	375 kcal
脂肪	碳水化合物	蛋白質	膳食纖維	鈉質	能量

黃芽白鮮人參雞湯

4人份量

 材料

去皮雞柳	4 大件
鮮人參	2 條
黃芽白	1/2 棵
薑	2 片
清水	8 杯

調味料

鹽	適量

 做法

1 先將黃芽白清淨切大塊。

2 鮮人參洗淨切片備用。

3 凍水放入所有材料，中至慢火煲 45 分鐘，食用時加入少量鹽作調味。

 煮食小貼士 一般較大型的超市都有鮮人參出售。烹調鮮人參餸菜時不宜放入太多不同材料，以免蓋過人參清甜的味道。

營養師提提你

番薯的纖維素含量遠高過馬鈴薯，雖然含有一定成分的碳水化合物，但其吸收速度較馬鈴薯的慢，因此，我們可以用番薯取代馬鈴薯烹煮傳統的炆雞菜式。

34 g 脂肪	47 g 碳水化合物	70 g 蛋白質	5.6 g 膳食纖維	1410 mg 鈉質	774 kcal 能量

4 人份量

 材料

冷凍雞腿 .... 3 隻
黃心番薯 .... 2 條
洋蔥 .... 1/2 個
甘筍 .... 數片
蔥段 .... 數條
清水 .... 2/3 杯

調味料

紹酒 .... 2 湯匙
老抽 .... 3/4 湯匙
植物油 .... 1 湯匙
生抽 .... 1/2 湯匙
鹽 .... 1/4 茶匙
胡椒粉 .... 少許

 做法

1 先將雞腿解凍、去皮，再斬件，用鹽及胡椒粉將雞腿肉醃 10 分鐘。

2 另將洋蔥切片、番薯去皮切件。

3 起鑊，加入植物油，爆香洋蔥，再爆雞件，濺酒，加入番薯及甘筍片。

4 注入清水，加入生抽、老抽炆煮 10 分鐘。雞件全熟後加入蔥段拌勻即成。

 煮食小貼士 番薯外表結實，但過度烹煮易散開成茸，因此可將番薯切成較大件，避免長時間烹煮後散開。

糖尿病患者往往因怕調味料的糖分影響血糖水平，不敢吃酸甜餸菜，實際上，食物的酸性會增長食物停留在胃部的時間，延緩食物糖分的吸收。只要控制調味料中糖的份量，糖尿病患者仍可進食自家製的酸甜菜式。

| 31 g 脂肪 | 16 g 碳水化合物 | 58 g 蛋白質 | 1.3 g 膳食纖維 | 1180 mg 鈉質 | 575 kcal 能量 |

酸梅雞柳

4 人份量

 材料

去皮雞柳 .... 250 克
乾葱 .... 4 粒
酸梅 .... 3 粒
葱段 .... 2 條
紅燈籠椒 .... 1/2 個
清水 .... 3 湯匙

調味料

紹酒 .... 1 湯匙
植物油 .... 1 湯匙
生抽 .... 1/2 湯匙
糖 .... 2 茶匙
鹽 .... 1/4 茶匙
胡椒粉 .... 少許

 做法

1 先將雞柳切粗條，用鹽、生抽及胡椒粉醃 10 分鐘。

2 乾葱切片、燈籠椒去籽切條，酸梅壓茸去核，混入清水。

3 起鑊，加入植物油，爆香乾葱片，加入雞柳略炒。

4 灒酒，加入紅燈籠椒略炒，加入酸梅、糖調味，最後加入葱段拌勻即成。

 煮食小貼士 將雞柳放入鑊後避免快速翻動，讓雞肉微微煎香再作炒動，可令雞肉更嫩滑甘香。

營養師提提你

糖尿病患者的肉食選擇應以低脂肪為主，並少吃餐肉、腸仔及其他加工醃製肉食。田雞脂肪成分非常低，是糖尿病患者上佳的肉食選擇。

| **17 g** 脂肪 | **4 g** 碳水化合物 | **29 g** 蛋白質 | **0.5 g** 膳食纖維 | **1250 mg** 鈉質 | **285 kcal** 能量 |

4 人份量

 材料

田雞件	3 隻
乾葱	6 粒
葱段	4 條
陳皮茸	1/2 湯匙
荷葉	1 片

調味料

生抽	3/4 湯匙
麻油	2 茶匙
鹽	1/4 茶匙
胡椒粉	少許

 做法

1 先用煮水將荷葉泡軟備用。

2 乾葱切片，混合已清洗抹乾的田雞件，再加入葱段、陳皮茸，拌入調味料。

3 用荷葉將所有材料包裹，翻轉荷葉包，開口向底，大火將荷葉包隔水蒸8-10 分鐘即成。

 煮食小貼士 若買不到荷葉，在家中可用錫紙取替用作包食材。

糖尿病患者有機會出現腎功能下降等併發症，因此日常飲食除要注意糖分的攝取外，亦要奉行低鹽、低鈉飲食原則，以減低腎臟的負荷。採用香草及橙皮茸醃肉，能增加肉食的豐味，減少依賴高鹽分調味料。

42 g 脂肪	4 g 碳水化合物	59 g 蛋白質	0.6 g 膳食纖維	1470 mg 鈉質	630 kcal 能量

香草豬扒

4 人份量

 材料

連骨豬扒	4 塊
迷迭香	2 棵
鼠尾草	2 棵
橙汁	2 湯匙
橙皮茸	1 湯匙
清水	2 湯匙

調味料

植物油	2 湯匙
鹽	3/4 茶匙
黑胡椒碎	少許

 做法

1 先將迷迭香、鼠尾草切碎，混入鹽、黑胡椒、橙汁、橙皮茸，平均搽於豬扒表面。

2 起鑊加入植物油，中火放入豬扒煎 2 分鐘。

3 將豬扒翻轉，再煎 2 分鐘。

4 灑入清水，蓋上鑊鑊再焗 1 分鐘至豬扒全熟即成。

 煮食小貼士 迷迭香、百里香及鼠尾草等木質類香草均適合烹煮肉食之用。

營養師提提你

麻辣食物容易影響血糖水平主要與餸菜內的大量肉食脂肪有關，採用低脂肪的煮食方法，即可減少不必要的脂肪攝取及其對血糖水平的影響。

29 g 脂肪	7 g 碳水化合物	44 g 蛋白質	4.6 g 膳食纖維	890 mg 鈉質	465 kcal 能量

4 人份量

 材料

急凍牛腴片（火鍋用）...............150 克
芽菜 ....80 克
甘筍絲...1 湯匙
蒜頭 ....6 粒
大葱（或京葱）...........................2 條
八角 ....2 粒
辣椒乾...1 湯匙
花椒 ....1/2 湯匙
上湯 ....1 杯
植物油...1 湯匙

 做法

1 先將大葱切絲，花椒粒用刀背略為拍碎。

2 起鑊加入植物油，爆香蒜頭，加入大葱片。

3 炒勻後再加芽菜，注入上湯及清水，加入八角、花椒。

4 煮滾後加入辣椒乾及牛腴片，待湯再滾起即成。

 煮食小貼士 牛腴片屬脂肪較低的牛肉食材，適合用於火鍋、滾湯及小炒等菜色。

在烹煮過程中加入煮食酒，絕大部分酒精將被蒸發，因此不會因攝取到酒精而影響降血糖藥的吸收，而煮食酒的卻會增加餸菜的風味，是烹煮各類菜式不可或缺的食材。

14 g 脂肪	19 g 碳水化合物	15 g 蛋白質	8.1 g 膳食纖維	1430 mg 鈉質	262 kcal 能量

黃油菌 大蔥炆田雞

2 人份量

 材料

黃油菌	15 克
田雞件	4 隻
乾蔥	6 粒
大蔥	2 條
甘筍粒	50 克
去核紅棗	6 粒

調味料

紹酒	3/4 杯
鹽	1/2 茶匙
生抽	1/2 湯匙
生粉	3/4 湯匙

 做法

1 先用鹽、生抽及生粉將田雞件醃 10 分鐘。

2 黃油菌及紅棗分別用清水浸軟。

3 乾蔥開邊，大蔥切段。

4 起鑊爆香乾蔥、大蔥，加入田雞件炒勻。

5 注入紹酒，加入甘筍、紅棗，中火炆煮 5 分鐘即成。

 煮食小貼士 黃油菌的香味濃郁，雖然用的分量不多，卻能大大提升菜式的風味。

營養師提提你

紅菜頭含豐富的抗氧化元素及纖維素，是理想的健康食材。紅菜頭的碳水化合物成分不高，適合糖尿病患者用於煮湯及烹煮各種菜式。

| **31 g**
脂肪 | **22 g**
碳水化合物 | **33 g**
蛋白質 | **12.8 g**
膳食纖維 | **1120 mg**
鈉質 | **499 kcal**
能量 |

紅菜頭泡菜 牛𦜆煮

4 人份量

 材料

牛𦜆片 .... 120 克
紅菜頭.................................. 1 個（細）
黃芽白.................................. 250 克
大豆芽.................................. 100 克
泡菜 .... 80 克
紅椒 .... 1 隻
薑粒 ....1/2 湯匙
上湯 .... 1/3 杯
清水 .... 2/3 杯

調味料

甜麵豉....................................2/3 湯匙
鹽..1/8 茶匙
生抽 ....1/4 湯匙
胡椒粉....................................少許

 做法

1 先用鹽、生抽及胡椒粉將牛𦜆醃 10 分鐘。

2 紅菜頭去皮切細片，黃芽白切小片備用，紅椒切粒。

3 起鑊爆香薑粒，加入黃芽白略炒。

4 加入紅菜頭、大豆芽及泡菜。

5 注入上湯及清水，加入甜麵豉炆煮 6-8 分鐘。

6 加入牛𦜆片再煮 2-3 分鐘，灑上紅椒粒裝飾即成。

 煮食小貼士　牛𦜆片及牛肉一樣可快速煮熟，因此無須與其他蔬菜材料一併烹煮以免牛𦜆片變韌。

不少糖尿病患者有感飲食單調乏味，但事實上少油清淡的菜式，只要花點心思，便能烹煮出令人垂涎的美食，就如簡單的雞件，串起來煎煮又會是另一番風味。

13 g	9 g	53 g	2.5 g	1620 mg	365 kcal
脂肪	碳水化合物	蛋白質	膳食纖維	鈉質	能量

泰式炆煮雞肉串

4 人份量

 材料

去皮雞胸肉	2 件
番茄	2 個
乾葱	3 粒
香茅	3 條
黃薑	2 片
檸檬葉	4 片
紅椒	1 隻
清水	1/2 杯
芫茜	2 棵

調味料

鹽	1/2 茶匙
胡椒粉	少許
魚露	1 湯匙
青檸汁	1 個

 做法

1 先將雞胸肉切件，用鹽及胡椒粉醃 15 分鐘。

2 用竹籤將雞肉串起備用。

3 番茄切開去籽，香茅及乾葱切片，紅椒去籽切粒。

4 將番茄、乾葱、香茅、黃薑、檸檬葉、紅椒加入攪拌器內打成番茄茸。

5 起鑊將雞肉串煎香，注入清水及番茄泥，炆煮 4-5 分鐘。

6 加入魚露及青檸汁調味，灑上芫茜葉即成。

 煮食小貼士 將蔬菜食材攪拌成茸用來烹煮醬汁，不單原汁原味，更令餸菜增添額外的纖維素。

23 g	26 g	37 g	5.2 g	910 mg	459 kcal
脂肪	碳水化合物	蛋白質	膳食纖維	鈉質	能量

泰汁手撕雞

2 人份量

 材料

青木瓜.................................250 克
雞柳.....................................150 克
甘筍.....................................60 克
芫荽.....................................2 棵
紅椒絲.................................1 隻
粉絲.....................................40 克
芝麻.....................................1 湯匙

調味料

青檸汁.................................1.5 湯匙
芝麻油.................................1 湯匙
魚露.....................................3/4 湯匙

 做法

1 青木瓜去皮刨絲、甘筍刨絲。

2 粉絲用滾水浸軟身，略為剪碎。

3 雞柳隔水蒸熟，待涼後拆成粗絲。

4 將芝麻油、青檸汁及魚露混合成醬汁。

5 再將雞絲、青木瓜絲、甘筍絲、粉絲混合，淋上泰式醬汁，再灑上芝麻、紅椒絲即成。

 煮食小貼士 雞柳的蒸煮時間要視乎雞肉的厚度，一般蒸 5-6 分鐘已全熟，蒸煮時間太長會令肉質變韌，難以咀嚼。

營養師提提你

去皮的肉食油脂成分低，蒸煮過後易變乾韌，在醃料中加入少量植物油可令肉食保持軟滑，同時讓調味更加均勻。

31 g 脂肪	6 g 碳水化合物	53 g 蛋白質	2 g 膳食纖維	1240 mg 鈉質	515 kcal 能量

牛油菌蒸雞

4 人份量

 材料

去皮雞柳	200 克
牛油菌	30 克
五香豆腐乾	2 件
甘筍	數片
葱花	1 湯匙
蒜茸	1/2 湯匙

調味料

植物油	1 湯匙
老抽	1/2 湯匙
生抽	1/3 湯匙
鹽	1/4 茶匙

 做法

1 先用熱水將豆腐乾略加沖洗，切絲備用。

2 將所有材料混合，醃 10 分鐘。

3 再將食材平鋪於碟上，隔水蒸 8 分鐘即成。

 煮食小貼士　牛油菌味道甘香，適宜用於提升肉食的風味。乾牛肝菌、松茸片亦是不錯的菇菌類食材選擇。

營養師提提你

淮山的黏性物質與水溶性纖維相近，同樣有助延緩食物糖分吸收。在處理淮山時，不宜用清水將黏性物質沖走，以減少相關營養之流失。

24 g 脂肪	21 g 碳水化合物	53 g 蛋白質	11.5 g 膳食纖維	575 mg 鈉質	512 kcal 能量

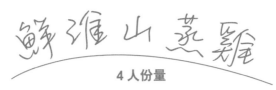

鮮淮山蒸雞

4 人份量

 材料

去皮雞膇肉	2 塊
鮮淮山	180 克
去核紅棗	8 粒
韭黃	50 克
葱花	1 湯匙
金華火腿茸	1 湯匙

調味料

鹽	1/8 茶匙
生抽	1/4 湯匙
胡椒粉	少許
生粉	3/4 湯匙
麻油	2 茶匙

 做法

1. 先將雞膇肉切件，韭黃切段。
2. 淮山去皮，再刨成薄片，紅棗用熱水浸軟。
3. 用鹽、生抽、胡椒粉將雞件醃 10 分鐘。
4. 拌入淮山片、紅棗、韭黃及金華火腿。
5. 再拌入生粉及麻油，猛火隔水蒸 8 分鐘。
6. 灑上葱花裝飾即成。

 煮食小貼士 金華火腿除了為食材提供鹹味，亦令肉食增加另一種甘香風味，只要適量減少其他含鹽分的調味料，金華火腿能提升不少菜式的滋味。

營養師提提你

蔬菜所含的鉀質有助保持健康血壓水平。日常蔬菜除可用於小炒上,亦可用作不同餸菜的配料,增加整體蔬菜進食量。

22 g	26 g	35 g	4.5 g	1120 mg	442 kcal
脂肪	碳水化合物	蛋白質	膳食纖維	鈉質	能量

4 人份量

 材料

越南米紙 .... 10 張

火鍋豬肉片 .... 120 克

銀芽 .... 100 克

金筍絲 .... 60 克

蔥 .... 3 條

西芹 .... 1 條

調味料

海南雞醬油 .... 2 湯匙

紅椒 .... 1 隻

暖水 .... 適量

 做法

1 蔥洗淨切段,西芹切段備用。

2 豬肉片及銀芽分別焯熟待涼備用。

3 將米紙平放碟上,掃上暖水至米紙軟身。

4 鋪上豬肉片、銀芽、蔥及西芹,再用米紙捲上。

5 紅椒切絲,拌入醬油內,食用時以米紙卷沾醬即可。

 煮食小貼士 海南雞醬油略帶甜味,可於東南亞食品店購買。

35 g 脂肪	**11 g** 碳水化合物	**34 g** 蛋白質	**2.9 g** 膳食纖維	**1220 mg** 鈉質	**495 kcal** 能量

麻醬京蔥豬肉片

4 人份量

 材料

豬肉片	120 克
京蔥	2 條
甘筍	數片
芝麻	1.5 湯匙
檸檬汁	1 湯匙
清水	2 湯匙

調味料

日式火鍋芝麻醬	1.5 湯匙
紹酒	1 湯匙
植物油	1 湯匙
鹽	1/4 茶匙
胡椒粉	少許

 做法

1 先用檸檬汁、鹽及胡椒粉將豬肉片醃 10 分鐘。

2 京蔥切粗絲備用，芝麻用乾鑊略為炒香。

3 起鑊，加入植物油，爆香豬肉片。加入京蔥絲、甘筍片炒勻，潷酒。

4 灑入清水將肉片煮熟。加入芝麻醬炒勻，再灑上芝麻即成。

 煮食小貼士 日式火鍋芝麻醬不適合長時間烹煮，宜於上碟前拌入保持醬料濃香。

糖尿病患者與一般人都需要定期在飲食中補充鐵質，羊肉正好是豐富血鐵質的來源，只要揀選脂肪較少的部分，便可達致均衡飲食的目標。

37 g 脂肪	16 g 碳水化合物	47 g 蛋白質	5.1 g 膳食纖維	1260 mg 鈉質	585 kcal 能量

清炒羊肉粒

4 人份量

 材料

冷藏羊柳	150 克
蓮藕片	80 克
西芹	4 條
甘筍	數片
蒜茸	1/2 湯匙
清水	2 湯匙

調味料

紹酒	1 湯匙
植物油	1 湯匙
生抽	3/4 湯匙
鹽	1/4 茶匙
胡椒粉	少許

 做法

1 先將羊肉切粒，用生抽及胡椒粉醃10 分鐘，西芹切片。

2 起鑊，加入 1/2 湯匙植物油，放入蓮藕片、甘筍片及西芹片略炒，加入清水將蔬菜略為炒軟，加鹽調味，上碟備用。

3 起鑊，加入 1/2 湯匙植物油，放入羊肉粒略炒，再加入蒜茸炒勻，潷酒，將蔬菜回鑊炒勻即成。

 煮食小貼士　冷藏羊柳可在超市肉枱買到，此部分比較嫩滑，過份烹煮反會令肉質變韌。

水產類

水產類食材與肉食一樣含高蛋白質、低糖分，適合糖尿病患者進食。水產食材含較多不飽和脂肪，有益血管健康，預防糖尿病引發與視力、血管、腎功能相關的併發症。

營養師提提你

相對傳統中式湯水，泰式冬蔭功湯底採用較少根莖類蔬菜，其碳水化合物成分相對較低，配合低脂肪的魚肉，同時控制調味料的份量，可為糖尿病飲食增加不少變化。

14 g 脂肪	7 g 碳水化合物	44 g 蛋白質	9.5 g 膳食纖維	1250 mg 鈉質	330 kcal 能量

冬蔭番茄魚湯

4 人份量

材料

草菇	6 粒
檸檬葉	4 片
乾葱頭	4 粒
香茅	3 枝
南薑	3 片
龍脷柳	2 條
番茄	2 大個
紅椒	1 隻
上湯	1 杯
青檸汁	1/2 個
清水	1.5 杯

調味料

泰式咖喱醬（小辣）	1 包 / 2 湯匙
魚露	1/2 湯匙
鹽	1/3 茶匙
胡椒粉	少許

做法

1 先將魚柳解凍，用布抹乾，切成小塊，用鹽、胡椒粉醃 10 分鐘。

2 番茄一開六件、草菇切片、香茅切絲、乾葱頭切片、紅椒切絲。

3 起鑊加入少量煮食油，將魚塊煎香，加入乾葱、草菇、番茄略炒。

4 注入清水及上湯，加入香茅、南薑、檸檬葉滾煮 5 分鐘。

5 加入咖喱醬、魚露及青檸汁調味，最後拌入紅椒絲即成。

煮食小貼士 泰式咖喱醬一般可在東南亞辦館購買，其辛辣程度可按個人喜好作出選擇。

出外飲食時，中餐館的湯羹油分相對較高，但換作在家烹調，可自行控制食油的份量，同時，節制使用生粉芡等含澱粉質配料，有助減低餐後的血糖波幅。

17 g 脂肪	5 g 碳水化合物	55 g 蛋白質	3.7 g 膳食纖維	890 mg 鈉質	393 kcal 能量

海參蛋白豆腐羹

4 人份量

 材料

菠菜葉 .... 100 克

急凍海參 .... 2 條

蛋白 .... 2 個

硬豆腐 .... 1 磚

薑絲、金華火腿茸 .... 各 1 湯匙

上湯 .... 1 杯

清水 .... 1/2 杯

調味料

紹酒、鎮江醋 .... 各 2 湯匙

生粉水 .... 1.5 湯匙

胡椒粉 .... 少許

 做法

1 先將海參解凍，用清水沖洗乾淨，切粗條備用。

2 菠菜切茸，豆腐切粒備用。

3 起鑊加入少量煮食油，爆香薑絲、海參條，灒酒，加入菠菜茸、注入上湯、清水。

4 煮滾後加入豆腐粒，再拌入鎮江醋調味。用生粉水勾芡，熄火，再拌入蛋白成絲，灑上胡椒。

5 粉調味即成。

 煮食小貼士 將海參徹底解凍可去除急凍海產的雪味。

36 g	32 g	88 g	4.5 g	900 mg	804 kcal
脂肪	碳水化合物	蛋白質	膳食纖維	鈉質	能量

番茄牛奶牛鰍湯

4 人份量

 材料

番茄 .... 2 個

薑 .... 2 片

牛鰍魚 .... 1 條

靈芝菇 .... 1 扎

低脂牛奶 .... 2 杯

清水 .... 4 杯

調味料

鹽 ....適量

 做法

1 番茄切件、靈芝菇切去底部。

2 先將牛鰍魚切開頭尾兩半。

3 起鑊加入少量植物油，加入薑片，將牛鰍魚煎香，加入番茄、靈芝菇略炒。

4 注入清水，中慢火煮 30 分鐘，注入牛奶，慢火煮 5 分鐘，食用時加入少量鹽調味即成。

 煮食小貼士 烹煮牛奶湯應用慢火，避免牛奶蛋白分解而影響濃湯賣相。

營養師提提你

糖尿病患者的飲食比較清淡,但偶爾亦可透個簡單的食材配搭,做出口味清新的餸菜。椰皇內的椰子水糖分較高,可以清水替代,即使倒出椰子水,在經過一小時的清燉過後,椰子肉仍能為海鮮湯帶來清新的椰香,若果沒把椰子肉一併進食,便不用擔心攝取過量飽和脂肪。

25 g 脂肪	24 g 碳水化合物	32 g 蛋白質	8.1 g 膳食纖維	2640 mg 鈉質	449 kcal 能量

椰香海鮮湯
4 人份量

材料

青衣魚柳	60 克
豬瘦肉粒	50 克
椰皇	4 個
檸檬葉	4 片
中蝦	4 隻
乾葱頭	4 粒
番茄	2 個
香茅	2 枝
青檸汁	1 個
清水	適量

調味料

魚露	1.5 湯匙
鹽	1/4 茶匙
胡椒粉	少許

做法

1 先把椰皇頂部削去,倒出椰水。

2 香茅切絲,番茄切細件,乾葱切片。

3 魚柳切粒,用鹽及胡椒粉醃 10 分鐘。

4 起鑊加入少量煮食油,爆香乾葱,加入中蝦、番茄、豬瘦肉及魚肉爆香。

5 將香茅、檸檬葉及其他材料平均分到 4 個椰皇內,注入清水,用錫紙將椰皇頂部封住,隔水慢火燉 1 小時,最後加入青檸汁及魚露調味即成。

煮食小貼士 售賣椰皇的商店,多願意代勞將椰皇削開,方便我們回家處理。

營養師提提你

酒精會影響藥物的療效，因此服食降血糖藥者不宜飲用含酒精飲品，但煮食過程會把絕大部分的酒精成分蒸發，只留下香濃酒香，因此糖尿病患者仍可以享用以紹酒、白酒等食材烹調的菜式。

26 g 脂肪	**11 g** 碳水化合物	**27 g** 蛋白質	**2.3 g** 膳食纖維	**2200 mg** 鈉質	**386 kcal** 能量

薑片魚頭湯
4 人份量

 材料

黃酸薑	30 克
大魚頭	1 個
薑	6 厚片
葱段	4 條
紹酒	1/2 杯
清水	1 杯

調味料

生粉	1 湯匙
鹽	1 茶匙
胡椒粉	少許

 做法

1 先將魚頭開邊，抹上鹽及胡椒粉，再灑上生粉。

2 將黃酸薑的水分擠出備用。

3 起鑊加入少量煮食油，爆香薑片，放入大魚頭煎香。

4 注入紹酒、清水煮滾，再煮 3 分鐘至魚頭全熟，加入酸薑片及葱段拌勻即成。

 煮食小貼士 在煮魚頭湯時加入少量酸薑，有助提升湯水的鮮味，亦可去除魚腥。

各種蜆殼類海產都是低脂肪的蛋白質來源,適合糖尿病患者食用。牛肝菌的氨基酸成分有助提升湯水鮮味,減少含鹽分調味料的使用。

19 g 脂肪	6 g 碳水化合物	45 g 蛋白質	1.9 g 膳食纖維	1460 mg 鈉質	375 kcal 能量

本菇牛肝菌大蜆湯

4 人份量

 材料

大蜆	600 克
牛肝菌	25 克
乾蔥頭	2 粒
本菇	1 扎
蔥花	1 湯匙
米酒	1/4 杯
清水	1.5 杯

調味料

鹽	1/2 茶匙
胡椒粉	少許

 做法

1 先將本菇底部切除,乾蔥切片。

2 大蜆用水浸泡 2 小時,再用水沖洗。

3 牛肝菌用清水浸軟,擠乾水備用。

4 起鑊加入少量植物油,爆香乾蔥,加入本菇略炒,再加入大蜆翻炒。

5 倒入米酒拌勻,再注入清水,加入牛肝菌,待蜆殼打開後加入鹽及胡椒粉調味,最後灑上蔥花即成。

 煮食小貼士 倒入米酒後先讓酒精慢慢蒸發,再注入清水,減少一份濃酒味,令蜆湯更加鮮甜。

營養師提提你

肉食火鍋材料多含高飽和脂肪及膽固醇,相反,豆腐、番茄、鮮蝦及菇菌類食材脂肪較低,是糖尿病患者火鍋食材的上佳之選。

30 g 脂肪	32 g 碳水化合物	54 g 蛋白質	5.5 g 膳食纖維	1240 mg 鈉質	614 kcal 能量

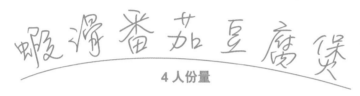

蝦滑番茄豆腐煲

4 人份量

 材料

急凍蝦仁 .... 180 克

番茄 .... 2 個

唐芹 .... 2 條

薑 .... 2 片

鮮粟米粒 ....4 湯匙

硬豆腐 .... 1 磚

上湯、清水 ....各 1/2 杯

調味料

生粉 ....1 湯匙

麻油 ....1 茶匙

鹽 ....1/2 茶匙

胡椒粉 ....少許

 做法

1 先將豆腐切件,灑上生粉,開鑊煎至金黃色備用。

2 番茄切件、唐芹切段備用。

3 蝦肉剁茸拌入鹽、胡椒粉、麻油及粟米粒。

4 將砂煲燒熱,加入植物油爆香薑片,加入番茄及唐芹,注入清水及上湯,煮滾後用湯匙逐少加入蝦滑,待蝦滑浮面後加入豆腐即成。

 煮食小貼士 在蝦膠中加入少量清水及麻油可令蝦滑更軟滑。

營養師提提你

糖尿病患者需保持低脂低鹽飲食，但並不代表要戒絕所有海產食材。魷魚的膽固醇成分較高，但同時含有豐富的鋅及磷質。糖尿病患者偶爾進食魷魚、墨魚等海產，採用低脂的方法烹調，有助增加飲食變化，又不會導致膽固醇上升。

35 g 脂肪	8 g 碳水化合物	34 g 蛋白質	4.4 g 膳食纖維	1570 mg 鈉質	483 kcal 能量

核桃魷魚圈

4 人份量

 材料

魷魚（細）	4 隻
青瓜	2 隻
紅椒絲	1 隻
洋葱	1/2 個
核桃仁	3 湯匙
檸檬汁	2 湯匙
紹酒	1 湯匙

調味料

植物油	1 湯匙
魚露	1/4 湯匙
鹽	1/2 茶匙
胡椒粉	少許

 做法

1 先將魷魚清洗乾淨，切成魷魚圈。

2 用鹽、胡椒粉及檸檬汁將魷魚醃 10 分鐘。

3 青瓜切粗條、洋葱切絲。

4 起鑊，加入植物油，爆香洋葱，加入青瓜略炒，將蔬菜材料撥向一邊。

5 加入魷魚圈略炒，潷酒，加入魚露調味，再灑上紅椒絲及核桃仁即成。

 煮食小貼士　魷魚肉相當嫩滑，不宜長時間烹煮，若煮太長時間，會令肉質難以咀嚼。

營養師提提你

糖尿病患者的飲食應以清淡為主，減少鹽分攝取，促進血管健康。為了增加飲食上的變化，亦可採用醬油、魚露等鹽分較高的調味料，只要用量適宜，便能在營養健康和飲食美味上取得平衡。

36 g 脂肪	17 g 碳水化合物	66 g 蛋白質	4.2 g 膳食纖維	1320 mg 鈉質	656 kcal 能量

香茅青檸冬蔭煮魚頭

4 人份量

 材料

大魚頭 .... 1 個
草菇 .... 4 粒
番茄 .... 2 個（細）
檸檬葉 .... 4 片
芫荽碎 .... 2 棵
香茅 .... 2 枝
南薑 .... 2 片
青檸汁 .... 1.5 湯匙
紅椒絲 .... 1 隻（隨意）
清水 .... 1 杯

調味料

紹酒 .... 2 湯匙
生粉、植物油 .... 1 湯匙
魚露 .... 1/2 湯匙
鹽 .... 1/2 茶匙
胡椒粉 .... 少許

 做法

1 先將番茄一開四件，草菇切片，香茅切絲。

2 大魚頭洗淨用布抹乾斬件，用鹽、胡椒粉醃 10 分鐘，灑上生粉。

3 起鑊，加入植物油，將魚頭件煎香，加入番茄及草菇片略炒，濺酒。

4 注入清水，加入香茅、檸檬葉、南薑滾煮 3 分鐘，加入魚露調、青檸汁調味，最後灑上紅椒絲及芫荽碎即成。

 煮食小貼士 煎煮魚頭時不宜經常翻動，待魚頭煎封定形後方作適當翻動，可免魚肉散開。

營養師提提你

鯖魚含豐富的多元不飽和脂肪酸，有助控制血脂及膽固醇水平，最適合糖尿病患者食用，保障心、腦血管健康。

42 g	12 g	41 g	0.3 g	1340 mg	590 kcal
脂肪	碳水化合物	蛋白質	膳食纖維	鈉質	能量

煎鯖魚柳配刁草沙律汁

2 人份量

材料

鯖魚柳 .... 2 條
刁草 .... 2 棵
檸檬汁 .... 2 湯匙
低脂沙律醬 .... 2 湯匙
植物油 .... 1 湯匙

調味料

鹽 .... 1/2 茶匙
黑胡椒碎 .... 少許

做法

1 先將鯖魚柳解凍，用布抹乾。

2 用檸檬汁、黑胡椒及鹽將鯖魚醃 10 分鐘。

3 起鑊，加入植物油，放入魚柳，魚皮先向下，中火煎煮 2 分鐘，再翻轉煎 1 分鐘。

4 魚柳上碟，蘸上混入刁草的低脂沙律醬食用即可。

煮食小貼士

市面上出售的部分鯖魚已經以鹽醃製，要留意包裝上標示以確定購買到合適的食材。

糖尿病患者經常面對血管糖化及病變的威脅。研究顯示，杞子的植物成分有助擴張血管之用，促進各微細血管群組及細胞組織的健康。以杞子作為配料烹調的小菜，正好適合糖尿病患者食用。

37 g 脂肪	21 g 碳水化合物	53 g 蛋白質	3.2 g 膳食纖維	1320 mg 鈉質	629 kcal 能量

蘆筍杞子龍脷柳

4 人份量

 材料

龍脷魚柳 .... 250 克

蘆筍 .... 6 條

杞子 ....2 湯匙

甘筍 ....數片

乾葱片 .... 2 粒

薑汁 ....1 湯匙

蛋白 .... 1 個

清水 ....少許

調味料

植物油......................................1.5 湯匙

生粉...1 湯匙

生抽...3/4 湯匙

鹽..1/3 茶匙

 做法

1 先將蘆筍切段、杞子用清水浸軟，隔水備用。

2 龍脷魚柳解凍切厚片，混入薑汁、蛋白、鹽、生粉醃 10 分鐘。

3 起鑊，加入植物油，用慢火將魚塊煎熟，上碟備用。

4 另起鑊，加入植物油，爆香乾葱片，加入蘆筍略炒，灑上清水再煮 1 分鐘，加入甘筍片及杞子。

5 再將魚塊拌勻，加入生抽調味即成。

 煮食小貼士　烹煮蘆筍前先將底部較粗的纖維部分刨走，可令蘆筍更爽脆嫩綠。

營養師提提你

糖尿病患者要特別注意血管的健康，以免血管病變而引起各樣的併發症。低鹽飲食有助預防及治療高血壓，保持血管健康，採用減鹽豉油以及青檸、香茅等天然食材作調味，有助減少日常鹽分攝取。

| 26 g 脂肪 | 19 g 碳水化合物 | 31 g 蛋白質 | 1.7 g 膳食纖維 | 1140 mg 鈉質 | 434 kcal 能量 |

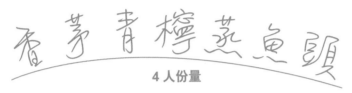

香茅青檸蒸魚頭

4 人份量

材料

大魚頭	1 個
青葵	6 條
青檸	4 片
香茅	2 枝
乾葱	2 粒
葱段	2 條
紅椒絲	1 隻
青檸汁	1 湯匙

調味料

減鹽生抽	3/4 湯匙
植物油	2 茶匙
鹽	1/4 茶匙
胡椒粉	少許
生粉	1 湯匙

做法

1 先將魚頭斬件，用布抹乾。

2 香茅切絲、乾葱切片、青葵切片。

3 將魚頭及乾葱、葱段、香茅、青葵混合。再以青檸汁、生抽、鹽、植物油、生粉及胡椒粉調味。

4 將魚頭平鋪於碟上，再鋪上青檸片及紅椒絲，隔水大火蒸 6 分鐘即成。

煮食小貼士 在醃料及蔬菜配料中混入少量煮食油，可令魚肉調味均衡，以及增加菜色的風味。

營養師提提你

美國糖尿病協會（American Dietetic Association）建議糖尿病患者多吃含奧米加 3 脂肪酸的高脂魚類。若糖尿病患者怕熟食三文魚的魚腥，可以味較濃的醬料泡製濃味小炒，除去魚油的腥味。

| 52 g 脂肪 | 8 g 碳水化合物 | 48 g 蛋白質 | 2.6 g 膳食纖維 | 1510 mg 鈉質 | 692 kcal 能量 |

醬爆三文魚

4 人份量

 材料

三文魚柳 .... 200 克
韭黃 .... 80 克
甘筍 .... 50 克
粟米仔 .... 6 條
薑絲 ....1 湯匙
紅椒絲 .... 1 隻

調味料

紹酒 ....2 湯匙
老抽 ....1.5 湯匙
沙茶醬 ....1 湯匙
植物油 ....1 湯匙
鹽 ....1/2 茶匙
胡椒粉 ....少許

 做法

1　先將粟米仔切開兩邊，韭黃切段，甘筍切粗條。

2　三文魚切粗條，用鹽及胡椒粉醃 10 分鐘。

3　起鑊，加入植物油，爆香薑絲，加入粟米仔、甘筍條略炒。

4　將蔬菜材料推各一邊，加入三文魚略煎，將三文魚翻轉再煎 1 分鐘，灒酒，再加韭黃拌勻。

5　加入沙茶醬及老抽調味，最後拌入紅椒絲即成。

 煮食小貼士 三文魚肉下鑊後宜先略煎以作定型，避免魚肉煮食過程中散開。

營養師提提你

糖尿病患者應多吃菠菜、莧菜等含豐富葉酸的蔬菜以保護血管的健康。除炒菜、焯菜外，亦可將葉菜滾湯，攪碎烹煮西式濃湯或製作魚卷等特色菜色。

| 21 g 脂肪 | 14 g 碳水化合物 | 60 g 蛋白質 | 5 g 膳食纖維 | 1540 mg 鈉質 | 485 kcal 能量 |

菠菜石斑卷

4 人份量

 材料

菠菜 .... 150 克

粟米仔 .... 4 條

急凍石斑柳 .... 2 條

瑤柱 .... 2 粒

上湯 .... 1/4 杯

調味料

生粉水 .... 1 湯匙

鹽 .... 1/2 茶匙

胡椒粉 .... 少許

 做法

1. 瑤柱浸軟拆絲備用。

2. 粟米條切成粗條，菠菜去頭焯軟隔水備用。

3. 石斑柳解凍，洗淨用布抹乾。將石斑柳切塊，用鹽及胡椒粉醃 10 分鐘。

4. 用菠菜將石斑塊及粟米仔捲起。

5. 魚卷隔水蒸 6 分鐘，隔水多餘水分。

6. 將上湯煮滾，加入瑤柱絲，以生粉水勾芡。將瑤柱芡汁淋於魚卷上即成。

 煮食小貼士 將急凍石斑魚柳放入保鮮袋，擠出空氣密封，再用水浸泡，可令魚柳快速解凍，快捷方便。

| 24 g 脂肪 | 6 g 碳水化合物 | 24 g 蛋白質 | 3.3 g 膳食纖維 | 850 mg 鈉質 | 336 kcal 能量 |

麵豉涼瓜魚鬆

4 人份量

 材料

鯪魚肉.....................80 克
蝦乾.........................20 克
清水.........................4 湯匙
乾葱.........................2 粒
涼瓜.........................1 個
葱花.........................1 湯匙

調味料

麵豉.........................1 湯匙
紹酒.........................1 湯匙
植物油.....................1 湯匙

 做法

1 先將涼瓜去籽切薄片。

2 蝦乾用水浸軟，乾葱切片。

3. 另將葱花與鯪魚肉混合。

4 起鑊，加入 1/2 湯匙油，將魚肉煎香成魚餅，將魚餅切條成魚鬆備用。

5 另起鑊，加入半湯匙植物油，爆香乾葱片，加入涼瓜片略炒，潷酒。

6 灑入清水將涼瓜煮軟身，加入魚鬆，再加麵豉調味拌勻即成。

 煮食小貼士 部分在市場上出售的鯪魚肉已作調味，因此可省卻額外的調味。

營養師提提你

魚類是糖尿病患者蛋白質的主要來源,以不同煮食方法烹煮可避免飲食過於單調。

22 g 脂肪	4 g 碳水化合物	55 g 蛋白質	0.7 g 膳食纖維	1620 mg 鈉質	434 kcal 能量

4 人份量

 材料

香茅 .... 3 條

乾葱 .... 3 粒

酸瓜 .... 1 條

芫荽 .... 2 棵

加州鱸魚 .... 1 條

調味料

鹽 ....3/4 茶匙

胡椒粉..................................... 少許

 做法

1 先將鱸魚洗淨用布抹乾。

2 香茅切絲,乾葱切片。

3 酸瓜切片,用清水略為沖洗。

4 將香茅、酸瓜片、乾葱、芫荽釀於魚肚內。

5 將鹽及胡椒粉掃於魚肉表面,用錫紙包裹,放入焗爐 180℃ 焗 12-15 分鐘即成。

 煮食小貼士 家中沒有焗爐者,可將已包裹的鱸魚放入鑊中隔水蒸煮即可。

海產食材含豐富的鋅，有助提升糖尿病患者的免疫力。

26 g 脂肪	5 g 碳水化合物	28 g 蛋白質	0.9 g 膳食纖維	1130 mg 鈉質	366 kcal 能量

4 人份量

材料

急凍廣島蠔	8 隻
蝦乾	8 隻
粟米仔	4 條
蒜頭	4 粒
葱花	2 湯匙
清酒	1/3 杯

調味料

植物油	1 湯匙
鹽	1/2 茶匙
胡椒粉	少許

 做法

1 先將廣島蠔解凍用布抹乾。

2 粟米仔切粒，蒜頭切片，蝦乾用水浸軟身。

3 起鑊，加入植物油，將蒜片炸至金黃色，加入蝦乾略炒。

4 加入廣島蠔略煎 1 分鐘，加入粟米仔粒，注入清酒煮滾，讓酒精揮發，下鹽及胡椒粉調味，灑上葱花即成。

煮食小貼士 廣島蠔下鑊後略為煎香，後再注入清酒，能提升濃湯的風味。

營養師提提你

不少辛辣菜式都含高脂肪，有礙糖尿病患者控制血糖水平。在家中運用泡菜烹煮辛辣菜式，易於控制煮食油分量，配合低脂海鮮食材，令糖尿飲食有更多變化。

| 21 g 脂肪 | 17 g 碳水化合物 | 42 g 蛋白質 | 11.1 g 膳食纖維 | 1220 mg 鈉質 | 425 kcal 能量 |

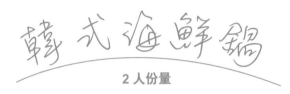

韓式海鮮鍋

2 人份量

 材料

白菜仔...........................300 克
韭菜、韓國泡菜 ....各 120 克
急凍半熟青口..................250 克
中蝦...............................120 克
白蘿蔔.............................80 克

調味料

上湯、清水....................各 3/4 杯
鹽................................1/4 茶匙
豆瓣醬..........................3/4 湯匙
黃糖...............................2 茶匙

 做法

1　先將中蝦去頭、去腸，蝦頭留用。

2　韭菜切段，泡菜及白蘿蔔切片。

3　將砂鍋燒熱，爆香蝦頭，注入上湯及清水。加入白菜仔、泡菜、蘿蔔片炆煮 8-10 分鐘。

4　加入蝦身及青口，煮至再滾起時拌入鹽、糖及豆瓣醬調味即成。

 煮食小貼士　超市出售的急凍半熟青口，烹煮前無須解凍，方便之餘，亦可將青口原有的鮮味保留，做到原汁原味。

22 g 脂肪	5 g 碳水化合物	37 g 蛋白質	3.5 g 膳食纖維	720 mg 鈉質	366 kcal 能量

雜菜炒蜆（去汁）

4 人份量

 材料

蜆	500 克
韭菜	200 克
甘筍片	50 克
粟米仔	4 條
薑	2 片
豆豉	1 湯匙
紅椒	1 隻

調味料

鹽	1/3 茶匙
生抽	3/4 湯匙
胡椒粉	少許
紹酒、清水	各 2 湯匙

 做法

1. 用鹽水將蜆浸泡 1 小時讓蜆吐沙，過程中可更換鹽水 2、3 次。

2. 韭菜切段，粟米仔切片，紅椒切絲。

3. 豆豉清洗後用，用湯匙壓成茸。

4. 起鑊爆香薑片，加入甘筍及粟米仔略炒，加入豆豉、韭菜略炒，灒酒。

5. 加入蜆炒勻，加入清水用蒸氣將蜆蒸熟；待蜆殼打開，加入鹽、生抽、胡椒粉調味；最後灑上紅椒絲即成。

 煮食小貼士 浸泡蜆的過程中，蜆殼會略為打開吐沙，若輕觸蜆蓋後並沒有合上，代表蜆已死去而應先在煮食前除掉。

除了三文魚、吞拿魚以外，不少水產及海魚都蘊含一定份量的多元不飽和脂肪酸，因此魚類及海產可交替進食，以增加飲食上的變化。

21 g 脂肪	12 g 碳水化合物	38 g 蛋白質	3 g 膳食纖維	1260 mg 鈉質	389 kcal 能量

麵醬煎鮫魚

4 人份量

 材料

鮫魚扒 .... 3 件

日本甜麵豉 .... 3/4 湯匙

葱花 .... 2 湯匙

乾葱 .... 6 粒

紅燈籠椒 .... 1/2 個

調味料

胡椒粉 .... 少許

上湯 .... 1/3 杯

泰式甜辣醬 .... 1/2 湯匙

生粉水 .... 2 茶匙

 做法

1 先將魚扒抹乾，將胡椒粉及甜麵豉抹於魚扒上醃 10 分鐘。

2 乾葱切片，燈籠椒切幼粒備用。

3 起鑊中至慢火將鮫魚扒煎香，上碟。

4 將乾葱加入煎魚鑊中，慢火爆香；注入上湯，加入燈籠椒粒。

5 加入甜辣醬調味，拌入生粉水勾芡，淋於魚扒上，再灑上葱花即成。

 煮食小貼士 用煎煮的鑊來炒乾葱片，保番煎魚的香味，亦令芡汁更具魚汁的香濃味道。

營養師提提你

涼瓜的降血糖效用雖不太明顯，但涼瓜含有豐富的鉀質，是促進健康血壓水平必須的電解質，糖尿病患者可按個人的口味喜好選擇食用。

| 47 g 脂肪 | 13 g 碳水化合物 | 61 g 蛋白質 | 5.3 g 膳食纖維 | 1340 mg 鈉質 | 719 kcal 能量 |

涼瓜吞拿魚煎蛋餅

4 人份量

 材料

涼瓜 .... 200 克（1/2 個）
甜紅椒 .... 2-3 隻
罐裝鹽水吞拿魚 .... 1/2 罐（90 克）
雞蛋 .... 4 隻
調味料
鹽 .... 1/2 茶匙
紹酒 .... 1 湯匙
糖 .... 1 茶匙
清水 .... 2 湯匙
胡椒粉 .... 少許
生抽 .... 1/2 湯匙

 做法

1 先將涼瓜切薄片，甜椒開邊去籽切粗粒。

2 吞拿魚肉用叉拆成細絲。

3 將雞蛋與吞拿魚拌勻，加入 1/4 茶匙的鹽，胡椒粉及生抽調味。

4 起鑊加入涼瓜及甜椒略炒，灒酒。

5 加入清水將蔬菜略為煮軟身，大入鹽及糖調味。

6 將火調慢，注入蛋漿，煎成兩邊金黃的蛋餅即成。

 煮食小貼士 在煮涼瓜時加入少量清水可加速涼瓜軟身，但注入蛋漿前需確保蔬菜汁已收乾水，令蛋餅煎出來更可口。

營養師提提你

糖尿病患者飲食宜清淡為主，善用海產的鮮味，可增加餸菜的風味而又不需要在烹煮過程中加入大量高鹽、高脂的醬料。

13 g 脂肪	14 g 碳水化合物	24 g 蛋白質	7 g 膳食纖維	1330 mg 鈉質	269 kcal 能量

花蟹胡椒煮蘿蔔

4 人份量

 材料

花蟹 ....2 隻（約 600 克）

白蘿蔔 .... 400 克

甘筍片 .... 30 克

白胡椒粒 ....1.5 湯匙

薑 .... 2 片

葱花 ....1 湯匙

調味料

清水 .... 1.5 杯

鹽 ....1/2 茶匙

糖 .... 1 茶匙

紹酒 ....3 湯匙

 做法

1 先將蘿蔔去皮、切片備用。

2 花蟹拆開蓋洗淨去鰓，斬成大件，用布抹乾。

3 起鑊爆香薑片，加入花蟹略炒，再加蘿蔔片、甘筍片，潷酒。

4 注入清水，加入胡椒粒，慢火炆煮10 分鐘。

5 加入鹽及糖調味，灑上葱花即成。

 煮食小貼士 白蘿蔔本身略帶甜味，但在烹煮時加入少量糖能令煮出來的蘿蔔更加清甜。

營養師提提你

鯖魚肉含豐富奧米加 3 脂肪酸，有助促進血管健康。除可將鯖魚柳煎香食用外，亦可拆成魚肉做湯。

24 g 脂肪	35 g 碳水化合物	41 g 蛋白質	6 g 膳食纖維	730 mg 鈉質	520 kcal 能量

4 人份量

 材料

急凍鯖魚柳	1 片大
鮮粟米	2 條
青豆粒	1 湯匙
薑絲	1 湯匙
雞蛋白	2 個
雲耳	10 克

調味料

清水	1 杯
上湯	1/3 杯
鹽	1/3 茶匙
胡椒粉	少許
麻油	2 茶匙
生粉水、浙醋	各適量

 做法

1 先將鯖魚柳解凍抹乾，用鹽及胡椒粉醃 10 分鐘。

2 隔水將鯖魚柳蒸熟，待涼後拆成魚肉。

3 粟米洗淨後切出粟米粒，用刀背略將粟米粒剁開。

4 雲耳用清水浸泡，再剪成細片備用。

5 起鑊爆香薑絲，加入粟米粒及雲耳略炒，注入清水及上湯，滾起後加入魚肉、青豆；拌入生粉水勾芡，再拌入蛋白，淋上麻油、浙醋即成。

 煮食小貼士 用原條粟米在家自製粟米茸，會令粟米湯更清甜，同時減少攝取來自包裝食材的鹽分。

營養師提提你

菇菌類食材含植物固醇，有助控制血膽固醇水平，同時菇菌類品種眾多，可交替進食。

24 g 脂肪	12 g 碳水化合物	32 g 蛋白質	3.2 g 膳食纖維	1240 mg 鈉質	392 kcal 能量

手撕菇炆魚塊

4 人份量

 材料

石斑魚塊（或其他魚塊）............ 350 克
雞肶菇 .... 1 隻
秀珍菇 .... 50 克
薑 .... 2 片
葱 .... 4 條
上湯 .... 1/2 杯

調味料

鹽 .... 1/2 茶匙
生粉 .... 3/4 湯匙
紅醋、紹酒 .... 各 1 湯匙
胡椒粉、生粉水 .... 各少許
麻油 .... 2 茶匙

 做法

1 先將石斑塊洗淨抹乾水，切成魚塊；用鹽、胡椒粉、生粉將石斑魚塊醃 10 分鐘。

2 將雞肶菇及秀珍菇撕成幼條，葱切段。

3 起鑊將石斑魚塊煎香備用。

4 起鑊爆香薑片，加雞肶菇及秀珍菇略炒；濳酒，加入葱段炒勻，注入上湯。

5 加入紅醋調味，用生粉水勾芡，將魚塊回鑊，淋上麻油即成。

 煮食小貼士　若用食油炒香菇菌食材，事前無須預先汆水。

127

44 g 脂肪	14 g 碳水化合物	83 g 蛋白質	3.2 g 膳食纖維	1390 mg 鈉質	784 kcal 能量

4 人份量

 材料

青衣魚柳 .... 400 克

泰國青茄子 .... 4 粒

香葉 .... 3 片

九層塔 .... 2 棵

紅椒 .... 1 隻

洋葱 .... 1/2 個

上湯、低脂淡奶 .... 各 1/2 杯

調味料

咖喱粉、植物油 .... 各 1 湯匙

鹽 .... 1/2 茶匙

胡椒粉 .... 少許

 做法

1 先將魚柳解凍，切件用布抹乾。

2 用鹽及胡椒粉將魚柳醃 10 分鐘。

3 洋葱切絲、茄子開邊，紅椒切絲。

4 起鑊，加入植物油，將魚柳煎香，加入洋葱略炒，再加入茄子拌勻。

5 注入上湯，加入香葉、咖喱粉煮至微滾，注入淡奶再煮 1 分鐘，加入九層塔葉及紅椒絲即成。

 煮食小貼士 在烹煮過程的最後階段拌入淡奶，可保留淡淡的奶香。

營養師提提你

在白米飯中加入高纖紅米飯，有助減慢餐後血糖上升速度，長時間進食各類高纖米飯，亦可為身體帶來充足的多種維他命 B，以及促進腸道健康。

33 g 脂肪	149 g 碳水化合物	35 g 蛋白質	9.2 g 膳食纖維	1260 mg 鈉質	1033 kcal 能量

鰻魚芥蘭炒紅白米飯

2 人份量

 材料

白米 .... 120 克
紅米 .... 80 克
芥蘭 .... 200 克
日式燒鰻魚 .... 2 條
甘筍茸 .... 2 湯匙
豬肉鬆 .... 2 湯匙（隨意）
蛋白 .... 2 隻
薑米 .... 1 湯匙
清水 .... 4 湯匙

調味料

植物油 .... 1.5 湯匙
鹽 .... 1/2 茶匙
胡椒粉 .... 少許

 做法

1 先將紅、白米混合，再混入相同容量的水煮成紅白米飯。

2 芥蘭去葉切粒，鰻魚切粗粒備用。

3 起鑊，加入植物油，爆香薑米，加入芥蘭略炒，加入紅、白米飯，灑入清水炒至米飯散開。

4 下鹽、胡椒粉調味，再加甘筍茸，最後加鰻魚粒炒勻，灑上豬肉鬆即成。

 煮食小貼士 紅米可與白米一同烹煮成飯，亦可事先將紅米浸泡 2.3 小時，令紅米飯更加鬆軟。

稀粥的糖分較快被人體吸收，對餐後血糖水平影響較大，
若有計劃控制烹煮時間和控制水分，可以煮出較濃稠的粥，
加上燕麥的水溶性纖維素，有助減慢餐後血糖上升的速度。

21 g 脂肪	128 g 碳水化合物	19 g 蛋白質	4.7 g 膳食纖維	1420 mg 鈉質	777 kcal 能量

燕麥水蟹粥

4 人份量

 材料

水蟹 .... 2 隻

珍珠米（或白米）....................... 150 克

燕麥飯粒 .... 40 克

芫荽 .... 2 棵

薑絲 ....1 湯匙

植物油 ....1 湯匙

清水 .... 8 杯

調味料

鹽 ....2/3 茶匙

胡椒粉 ....少許

 做法

1 先將水蟹蓋拆開，將蟹腮、蟹心除
去，蟹身開邊。

2 將珍珠米及燕麥飯洗淨，混入植物油。

3 凍水放入珍珠米及燕麥飯，慢火煮
30 分鐘。

4 加入水蟹再滾煮 5 分鐘，加入薑絲、
芫荽，再放入鹽、胡椒粉調味即成。

 煮食小貼士　採用燕麥飯粒烹煮蟹粥，較採用燕麥片更有嚼勁。

營養師提提你

將意大利粉煮得太身，會加速餐後碳水化合物吸收的速度，相反將意粉煮至 al dente，讓意粉保持一定韌度，有助延緩碳水化合物吸收的速度，間接幫助身體控制餐後血糖水平。

32 g 脂肪	120 g 碳水化合物	33 g 蛋白質	4.2 g 膳食纖維	1650 mg 鈉質	900 kcal 能量

吞拿魚意粉

2 人份量

 材料

意大利粉	140 克
鹽水浸吞拿魚	1/2 罐
罐裝紅腰豆	4 湯匙
洋葱碎	2 湯匙
扁葉番芫荽	2 棵
白酒（可用清水取代）	1/2 杯

調味料

橄欖油	1 湯匙
鹽	1/2 茶匙
黑胡椒碎	少許

 做法

1. 先將吞拿魚、紅腰豆罐裝的水隔去。

2. 另用鹽水將意大利粉煮 5 分鐘，連蓋焗 2 分鐘，隔水備用。

3. 起鑊，加入橄欖油，炒香洋葱，加入吞拿魚及紅腰豆，注入白酒煮滾，將意大利粉回鑊拌勻，下鹽調味，再灑上黑胡椒碎及番茜碎即成。

 煮食小貼士 鹽水吞拿魚含不少鹽分，因此烹煮時可先試味，再決定是否必須加入額外的鹽調味。

乾豆雖含一定澱粉成分，但其高纖維素成分有助減慢糖分的吸收。在煲湯過程中，刻意縮短烹煮時間，避免將乾豆煮爛，有助減少溶入湯水中的碳水化合物成分。

52 g 脂肪	41 g 碳水化合物	160 g 蛋白質	7 g 膳食纖維	2015 mg 鈉質	1272 kcal 能量

粟米鬚豆豆湯

6 人份量

 材料

豬瘦肉.................................... 400 克
黃豆 .... 120 克
紅腰豆.................................... 120 克
黑豆 .... 60 克
粟米鬚.................................... 2 扎
陳皮 .... 1 角
清水 .... 8 杯
調味料
鹽...適量

 做法

1 先將陳皮浸軟去瓤，豬肉切粒汆水備用。

2 另用清水將紅腰豆、黑豆、黃豆浸 4 小時或以上。

3 凍水放入所有材料，中至慢火煲 40 分鐘即成。

4 飲用時可加入少量鹽作調味。

 煮食小貼士 除黑豆、黃豆、紅腰豆外，扁豆、眉豆、赤小豆等都適用於烹調豆豆湯。

營養師提提你

自家製的羅宋湯，採用多種蔬菜材料，脂肪成分較餐廳供應的牛尾湯、羅宋湯都要低。加入少量白豆作配料，正好配合糖尿病患者高纖維素的飲食需要。

21 g 脂肪	27 g 碳水化合物	31 g 蛋白質	9.4 g 膳食纖維	1180 mg 鈉質	421 kcal 能量

白豆羅宋湯

4 人份量

 材料

材料	份量
上海鹹肉粒	30 克
西芹	2 條
香葉	2 片
番茄	1 個
青瓜仔	1 條
罐頭白豆	1/2 罐
洋葱	1/4 個
清水	2 杯

調味料

調味料	份量
橄欖油	1 湯匙
茄膏	1.5 湯匙
黑胡椒碎	少許

 做法

1 先將番茄去籽切粒，西芹、青瓜切粒。

2 洋葱切粒，白豆隔去罐內多餘的水分備用。

3 鹹肉切粒，用熱水略加沖洗。

4 起鑊加入橄欖油，爆香洋葱、茄膏，加入番茄粒、西芹粒及青瓜粒。

5 注入清水，加入香葉滾煮 5 分鐘，加入白豆，再煮 1 分鐘，加入黑胡椒調味即成。

 煮食小貼士 加入茄膏作材料令自家製羅宋湯更香濃美味，利用少量鹹肉作湯料，可為蔬菜湯帶來煙燻的肉食味道。

營養師提提你

美國糖尿病協會（American Diabetes Association）建議糖尿病患者多吃乾豆食材以攝取充足的鎂質及鉀質。乾豆食材除用作煲湯外，亦可加入小炒及沙律菜色。

| 29 g 脂肪 | 14 g 碳水化合物 | 22 g 蛋白質 | 13.2 g 膳食纖維 | 1440 mg 鈉質 | 405 kcal 能量 |

4 人份量

 材料

青豆角	80 克
甘筍粒	30 克
豆腐乾	2 件
罐裝三角豆	1/2 罐
薑米	1/2 湯匙
清水	3 湯匙
植物油	1/2 湯匙

調味料

紹酒	1 湯匙
麻油	2 茶匙
糖	1 茶匙
鹽	1/2 茶匙

 做法

1 先將罐裝三角豆的水分隔去。

2 青豆角及豆腐乾切粒備用。

3 起鑊加入植物油，爆香薑米，加入青豆角及甘筍粒略炒，灒酒。

4 灑清水，將豆角煮軟，加入三角豆及豆腐乾拌勻，最後加入鹽、糖調味，再淋上麻油即成。

 煮食小貼士 豆腐乾的鹽分較高，烹煮時不用加入太多調味，另外，在烹調前可先用熱水略為浸洗。

糖尿病患者經常面對腎功能下降及相關的併發症，要延緩腎功能衰退，日常飲食切忌大魚大肉，以致過量肉食蛋白質加重腎臟負荷。豆製食材本身含豐富蛋白質，可以取代部分肉食，成為飲食中主糧之一。

33 g 脂肪	13 g 碳水化合物	23 g 蛋白質	7.3 g 膳食纖維	910 mg 鈉質	441 kcal 能量

木耳酵麩蜜糖豆

4 人份量

材料

材料	份量
酵麩	100 克
唐芹	2 條
馬蹄	4 粒
蜜糖豆	1 包（200 克）
木耳	2 片
薑	2 片
清水	1/4 杯

調味料

調味料	份量
蠔油	1/2 湯匙
老抽	1/2 湯匙
紹酒	1 湯匙
麻油	2 茶匙
植物油	1 湯匙

做法

1 木耳用熱水浸軟，切成細塊備用。

2 酵麩切成細粒，蜜糖豆摘去頭尾，西芹切段，馬蹄去皮切片。

3 起鑊加入植物油，爆香薑片，加入木耳略炒，再加蜜糖豆、西芹，灒酒。

4 加入酵麩粒，注入清水，再加入老抽及蠔油調味，中火炆煮 4 分鐘，加入馬蹄片，淋上麻油調味料即成。

煮食小貼士　酵麩本身較為乾硬，宜用作烹煮有汁料的菜色。

| 38 g 脂肪 | 10 g 碳水化合物 | 68 g 蛋白質 | 4.1 g 膳食纖維 | 2410 mg 鈉質 | 654 kcal 能量 |

蝦籽蝦肉蒸豆腐

4 人份量

 材料

蝦仁 .... 120 克
馬蹄 .... 4 粒
軟豆腐 .... 2 磚
蝦籽 .... 1 湯匙
蔥花 .... 1 湯匙

調味料

生抽 .... 1 湯匙
鹽 .... 1/2 茶匙
胡椒粉 .... 少許

 做法

1 先將豆腐切件平鋪蒸碟上。

2 另將馬蹄去皮切粒，蝦仁用刀壓平，剁成蝦膠。

3 將蝦膠及馬蹄拌勻，用鹽及胡椒粉調味。

4 將蝦膠鋪於豆腐上，隔水蒸 5 分鐘。

5 隔去倒汗水，灑上蔥花、蝦籽，淋上生抽即成。

 煮食小貼士 蝦籽味道甘香，使用少量便能大大增添餸菜的風味。

141

營養師提提你

粉絲的綠豆成分含碳水化合物，但對整體碳水化合物攝取量影響不大，若不是作為取代米飯、粉麵的主糧，只要作出適量的碳水化合物換算，糖尿病患者無須戒絕該類食材。

22 g 脂肪	33 g 碳水化合物	18 g 蛋白質	3.1 g 膳食纖維	1310 mg 鈉質	402 kcal 能量

粉絲青瓜肉鬆

4 人份量

 材料

豬肉碎	60 克
粉絲	1 紮（50 克）
青瓜	1 條
甘筍茸	2 湯匙
薑米	1 湯匙
芫荽	2 棵
清水	大半杯

調味料

泰式甜辣醬	1 湯匙
紹酒	1 湯匙
植物油	1 湯匙
鹽	1/4 茶匙
胡椒粉	少許

 做法

1 先用清水將粉絲浸軟。

2 青瓜切幼條，肉碎用鹽及胡椒粉醃 10 分鐘。

3 起鑊，加入植物油，爆香薑米、豬肉碎、潷酒。加入青瓜略炒，再加泰式甜辣醬調味。

4 注入清水，再加入粉絲拌勻，最後加入甘筍茸及芫荽拌勻即成。

 煮食小貼士 讓粉絲有足夠時間浸泡，可令粉絲更軟滑，同時更容易消化。

蜜糖豆及鮮百合等蔬菜材料雖含有一定碳水化合物成分，但其纖維素含量多，碳水化合物含量亦只佔整體飲食一小部分，因此糖尿病患者無須完全戒絕這類別的蔬菜食材。

19 g 脂肪	9 g 碳水化合物	22 g 蛋白質	6.5 g 膳食纖維	2350 mg 鈉質	295 kcal 能量

蜜糖豆鮮百合炒蝦仁

4 人份量

 材料

中蝦 .... 8 隻
鮮百合 .... 2 球
薑 .... 2 片
蜜糖豆 .... 1 包
甘筍片 ....1 湯匙
洋葱 ....1/3 個
清水 ....4 湯匙

調味料

生抽、紹酒、植物油 .... 各 1 湯匙
鹽 ....1/2 茶匙
胡椒粉 ....少許

 做法

1. 先將蜜糖豆頭尾摘去，洋葱切片。

2. 另將鮮百合拆開，用清水沖洗乾淨。

3. 中蝦去殼留尾去腸，用鹽及胡椒粉醃 10 分鐘。

4. 起鑊，加入煮食油，炒香薑片、洋葱，再加蜜糖豆，灑入清水將蜜糖豆煮軟，上碟備用。

5. 另起鑊，加入少量煮食油，爆香蝦球。潛酒，將蜜糖豆回鑊，加入生抽調味，最後加入甘筍片及百合片略炒即成。

 煮食小貼士 百合片不宜烹煮太多，以保持爽脆口感。

鴨肉含豐富的鐵質，有助日常補充鐵質之用。鴨胸的皮層含大量飽和脂肪，因此煮食前宜將鴨皮除去。

21 g 脂肪	12 g 碳水化合物	38 g 蛋白質	3 g 膳食纖維	1260 mg 鈉質	389 kcal 能量

香橙紅腰豆炒鴨胸

4 人份量

 材料

鴨胸 .... 2 件
橙 .... 1 個
罐裝紅腰豆 .... 1/2 罐
韭黃 .... 80 克
洋葱 .... 1/4 個
番茜茸 .... 1 湯匙
清水 .... 2 湯匙

調味料

紹酒 .... 2 湯匙
喼汁、植物油 .... 各 1 湯匙
糖 .... 1 茶匙
鹽 .... 1/4 茶匙
黑胡椒 .... 少許

 做法

1 先將鴨胸解凍去皮，切成粗絲。

2 罐裝紅腰豆隔去多餘水分，洋葱切粒，韭黃切段。

3 橙切去外皮，切出橙肉，再切成粒。

4 起鑊，加入植物油，炒香洋葱。加入鴨胸肉略炒，瀥酒，灑入清水將將鴨胸炒熟。

5 加入紅腰豆、韭黃，再加鹽、糖、喼汁及黑胡椒調味，最後拌入橙肉及番茜茸即成。

 煮食小貼士 去皮後鴨肉容易收縮變韌，因此不宜烹煮過久，待肉身轉色後即可上碟。

營養師提提你

乾豆食材的纖維素成分有助延緩食物內碳水化合物的吸收。將白豆配合茄肉煮食肉醬，適合配搭意大利粉或米飯食用。

32 g 脂肪	29 g 碳水化合物	42 g 蛋白質	7.2 g 膳食纖維	1210 mg 鈉質	572 kcal 能量

蒜茸牛肉茄汁白豆

4 人份量

 材料

牛肉碎.....................................100 克

罐裝番茄粒................................1 罐

罐裝白豆..................................1/2 罐

青燈籠椒..................................1/2 個

蒜茸.......................................1 湯匙

扁平番芫荽................................2 棵

調味料

橄欖油.....................................1 湯匙

鹽...1/2 茶匙

糖...2 茶匙

黑胡椒.....................................少許

 做法

1 先將罐裝白豆的水分隔去，燈籠椒切粒。

2 起鑊，加入橄欖油，爆香蒜茸，加入牛肉碎略炒，加入番茄粒煮滾。

3 再加入白豆、青椒粒拌勻，加入鹽、糖及黑胡椒調味，最後灑上番芫荽碎即成。

 煮食小貼士：乾豆需要長時間浸泡及烹煮方能食用，因此選用已預先烹煮的罐裝乾豆較為方便。

營養師提提你

粉絲的主要營養素雖是碳水化合物，但浸軟吸水以吸水以後，碳化合物含量不到重量百分之二十，因此少量食用不會對血糖水平有明顯影響。

15 g 脂肪	47 g 碳水化合物	19 g 蛋白質	6 g 膳食纖維	1480 mg 鈉質	399 kcal 能量

腐皮粉絲煎蝦卷
4 人份量

 材料

腐皮 .... 1 片
中蝦 .... 10 隻
粉絲 .... 60 克
甘筍絲 .... 60 克
冬菇 .... 5 隻
芫茜 .... 2 棵

調味料

鹽 .... 1/3 茶匙
生抽 .... 1/2 湯匙
胡椒粉 .... 少許
麻油 .... 1 茶匙
沙律醬 .... 適量

 做法

1. 先將腐片煎開將 16 份，備用。
2. 用滾水將中蝦焯熟，去殼後切粒。
3. 粉絲用滾水浸軟，隔水備用，冬菇浸軟後切絲。
4. 起鑊炒冬菇絲、甘筍絲，加入鹽、生抽、胡椒粉調味。
5. 熄火，拌入已煮熟的蝦粒及浸軟的粉絲。
6. 用濕布將腐皮抹濕，鋪上粉絲餡料，加上兩三片芫茜葉包成春卷狀。
7. 中慢火將腐皮卷煎香，食用時沾上少量沙律醬即成。

 煮食小貼士 腐皮沾水太久會黐在一起，因此宜在包裹春卷時續一用濕布將腐皮抹濕。

大豆製品（例如硬豆腐）含豐富蛋白質，可取代部分肉食食材，減少飲食中飽和脂肪的總體攝取量，長遠有助糖尿病患者保持心、腦血管健康。

27 g 脂肪	23 g 碳水化合物	56 g 蛋白質	11.3 g 膳食纖維	1570 mg 鈉質	559 kcal 能量

咖喱三角豆炆豆腐

2 人份量

 材料

硬豆腐（日式 / 韓式）	2 件
罐裝三角豆	1/2 罐
青燈籠椒	1 個
西蘭花	1/3 個
蒜頭	4 粒
甘筍粒	50 克

調味料

上湯、清水	各 1/2 杯
咖喱粉	1.5 湯匙
醬油	3/4 湯匙
低脂淡奶	1/2 杯
鹽	1/2 茶匙

 做法

1 先將硬豆腐切成半吋大小。

2 青燈籠椒及西蘭花切粒。

3 隔去三角豆罐內多餘水份。

4 起鑊爆香蒜頭，加入西蘭花、甘筍粒及青燈籠椒略煮。

5 注入上湯及清水，再加咖喱粉、三角豆及豆腐粒炆煮 5 分鐘。

6 加入醬油及鹽調味，拌入低脂淡奶即成。

 煮食小貼士 日式 / 韓式硬豆腐的硬度較本地豆腐高，因此較適合用作烹製炆煮菜式，亦適合放湯、火鍋之用。

不同種類的豆腐鈣質含量差異甚遠，若需依賴豆製品補充鈣質，可多選用鈣質含量較高的硬豆腐。

19 g 脂肪	8 g 碳水化合物	27 g 蛋白質	5.5 g 膳食纖維	650 mg 鈉質	311 kcal 能量

蒜頭鮮筍燴豆腐

4 人份量

 材料

蒜頭	15 粒
鮮筍	1 個
硬豆腐	1 大磚
白菜仔	90 克
上海鹹肉	15 克

調味料

生粉	1.5 湯匙
胡椒粉	少許
清水	3/4 杯

 做法

1 蒜頭去皮，鮮筍切去表皮較硬部分，再切成片，鹹肉切成幼粒。

2 將硬豆腐切件，灑上生粉及胡椒粉煎香上碟。

3 起鑊慢火將蒜頭煎至熟透，拌入鹹肉略炒，再加入白菜仔及鮮筍。

4 略炒後注入清水將蔬菜煮軟後，鋪於已煎香的豆腐上即成。

 煮食小貼士 未經出水的鮮筍可保留更清新的鮮筍味，若有需要可按個人喜好預先將筍出水。

營養師提提你

個別糖尿病患者的血糖水平差異甚遠，因此並不是所有糖尿病人都不能吃糖水。但烹煮糖水的基本原則是以高纖維素食材為主，藉以減慢糖分的吸收，只要作出適當的碳水化合物換算，再配合代糖的使用，糖尿病患者仍有不少糖水選擇。

7 g 脂肪	110 g 碳水化合物	45 g 蛋白質	17.2 g 膳食纖維	95 mg 鈉質	683 kcal 能量

咋咋糖水

4 人份量

 材料

紫心番薯 .... 1 個

紅腰豆 .... 60 克

綠豆 .... 60 克

眉豆 .... 60 克

陳皮 .... 1 角

清水 .... 8 杯

調味料

代糖 .... 適量

 做法

1 先將紅腰豆、綠豆、眉豆浸泡 2 小時以上。

2 番薯去皮、切粒備用。

3 凍水放入陳皮、紅腰豆、綠豆、眉豆，慢火煲 20 分鐘，加入番薯粒，再煲 10 分鐘，食用時加入代糖調味即成。

 煮食小貼士 部分代糖的甜味會受烹煮的高溫影響，宜在進食前一刻拌入，以達到最理想的調味效果。

營養師提提你

不少糖尿病人認為乾豆食材醣分太高而避免進食，但乾豆食材，例如罐裝白豆的醣質較相象低，而且纖絲素豐富，是屬於血糖指數較低的食材。

24 g	22 g	58 g	8 g	750 mg	536 kcal
脂肪	碳水化合物	蛋白質	膳食纖維	鈉質	能量

吞拿魚豆豆沙律

2 人份量

 材料

罐裝白豆（或牛油豆）	2/3 罐
茴香球	1/2 個
甘筍絲	60 克
黑水橄欖	10 粒
水浸吞拿魚	2/3 罐
沙律水芥菜	30 克
檸檬汁	2 湯匙
低脂沙律醬	1.5 湯匙
黑胡椒	少許
橄欖油	1 湯匙

 做法

1 先將罐裝白豆及吞拿魚的水隔去。

2 吞拿魚肉拆成細絲，茴香球切絲，黑橄欖切粒。

3 將白豆、吞拿魚、甘筍、橄欖、茴香絲放入沙律碗內拌勻。

4 拌入沙律醬、檸檬汁，再加入水芥菜。

5 淋上橄欖油、灑上黑胡椒即成。

 煮食小貼士 黑水橄欖及水浸吞拿魚本身已含有一定的鹽分，因此用來拌製沙律時無需額外加入食鹽調味。

155

五穀雜糧、乾果、蛋類

五穀類是飲食中碳水化含物及糖分的主要來源,亦是人體賴以維生必不可缺的食材。進食重點是將所需穀類份量於整天平均進食,並按照個人運動及工作量調節食量,以便達至較佳血糖水平。

營養師提提你

核桃及芝麻都是含較多不飽和脂肪酸的食材，有助調節飲食中飽和及不飽和脂肪比例，促進血管健康。

34 g 脂肪	17 g 碳水化合物	47 g 蛋白質	9.5 g 膳食纖維	770 mg 鈉質	562 kcal 能量

芝麻醬核桃仁炆白豆角

4 人份量

 材料

白豆角	300 克
瘦豬肉	120 克
甘筍片	30 克
蘑菇	4 粒
蒜片	3 粒
原味焗核桃仁	4 湯匙
迷迭香	2 棵
清水	1/4 杯

調味料

生抽	1/3 湯匙
鹽	1/8 茶匙
生粉	2 茶匙
清水	1 湯匙
紹酒、芝麻火鍋醬	各 2 湯匙

 做法

1 先將白豆角切段，蘑菇切片。

2 豬肉放入攪拌器內攪成粗粒。

3 拌入鹽、生抽、生粉、清水及迷迭香葉醃 15 分鐘。

4 起鑊爆香蒜片，加入碎豬肉略炒。

5 再加甘筍片、蘑菇片炒勻，加入白豆角。

6 潷酒，加清水炆煮 8-10 分鐘。

7 最後拌入芝麻醬，灑上核桃仁即成。

 煮食小貼士 自行購買豬肉回家攪成碎肉，可減少進食過量肥肉，同時肉碎肉粒較粗，亦可提升餸菜中食材的質感。當然若家中沒有電動或手動碎肉器，仍可到市場購買已攪好的碎肉。

營養師提提你

糖尿病患者宜減少飽和脂肪攝取，以減低心腦血管併發症的風險。肉食在炆煮前經過出水、清水沖泡的過程，有效減少肉食脂肪成分。

45 g 脂肪	14 g 碳水化合物	77 g 蛋白質	4 g 膳食纖維	750 mg 鈉質	769 kcal 能量

無花果炆排骨

4 人份量

 材料

一字排骨	400 克
無花果乾	6 粒
木耳	40 克
薑	2 片
葱	2 條

調味料

上湯	1/2 杯
清水	3/4 杯
紹酒	2 湯匙
生抽	3/4 湯匙
胡椒粉	少許
豆瓣醬	1/2 湯匙

 做法

1　先將排骨斬件，每件約 3 吋長。

2　木耳用水浸軟，剪成小塊，葱切段備用。

3　用大滾水將排骨煮 90 秒，取出用清水沖洗。

4　起鑊爆香薑片，再爆木耳及排骨。

5　注入上湯及清水，加入無花果乾、生抽，炆煮約 30 分鐘。

6　拌入胡椒粉及豆瓣醬調味，再放入葱段即成。

 煮食小貼士 市面出售無花果乾有多種，可選購較軟身及濕潤的品種，相對較適易用來做菜。

營養師提提你

所有米飯種類皆含豐富碳水化合物，但未經完全打磨的多穀米飯含豐富纖維素，有助減慢糖分的吸收，是糖尿病患者理想的主食食材。

24 g 脂肪	112 g 碳水化合物	26 g 蛋白質	6.1 g 膳食纖維	1250 mg 鈉質	768 kcal 能量

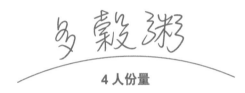

4 人份量

 材料

豬瘦肉粒	80 克
白米	80 克
紫米	30 克
黑米	30 克
紅米	30 克
瑤柱	3 粒
植物油	1 湯匙
清水	10 杯

調味料

鹽	2/3 茶匙

 做法

1 先用清水將紫米、黑米、紅米浸泡過夜。

2 再將白米與多穀米、植物油混合。

3 用鹽將豬瘦肉粒醃 30 分鐘。

4 凍水放入多穀米、瑤柱、肉粒，慢火煲 40 分鐘即成。

 煮食小貼士 預先將多穀米粒浸泡，有助縮短烹煮所需的時間。

營養師提提你

全穀米飯的纖維素成分有助減慢白米飯中碳水化合物的吸收速度，有調節餐後血糖水平之用。

25 g 脂肪	85 g 碳水化合物	25 g 蛋白質	8.1 g 膳食纖維	820 mg 鈉質	665 kcal 能量

多穀米湯飯

2 人份量

 材料

雞肉粒.............................. 100 克

白米飯............................... 1.5 碗

紫米（或野米）、燕麥飯粒...... 各 2 湯匙

泰國蘆筍 .... 1 扎

瑤柱 .... 2 粒

薑粒 ....1 湯匙

上湯、清水.....................各 1 杯

調味料

植物油.............................1 湯匙

麻油 ....1/2 湯匙

鹽.....................................1/4 茶匙

胡椒粉.............................少許

 做法

1　預先將白米煮食飯備用。

2　另用鹽及胡椒粉將雞肉粒醃 10 分鐘。

3　另將瑤柱浸軟拆絲，蘆筍洗淨切粒。

4　起鑊，加入植物油，爆香薑粒，加入雞肉粒、紫米、燕麥飯粒略炒。

5　注入上湯及清水，滾起計煮 6-8 分鐘，加入蘆筍粒再煮 1 分鐘，再加瑤柱絲及白米飯，待滾起後淋上麻油即成。

 煮食小貼士　預先將紫米及燕麥米粒浸泡 1 小時或以上，可令飯粒更「鬆化」，方便咀嚼。

營養師提提你

自家製燉牛奶蛋白，不加入任何糖分，食用時更能嘗到牛奶及蛋白的純香，完全配合糖尿病患者低糖、低脂的飲食需求。

19 g 脂肪	23 g 碳水化合物	31 g 蛋白質	0 g 膳食纖維	240 mg 鈉質	387 kcal 能量

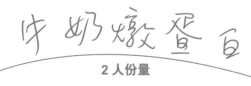

牛奶燉蛋白

2 人份量

 材料

低脂奶...2 盒
雞蛋白...2 隻

 做法

1 先用熱水將梳乎厘杯座暖。

2 雞蛋白打勻用篩隔走蛋白筋。

3 將低脂奶注入梳乎厘杯，再混入雞蛋白拌勻，中火隔水蒸 15 分鐘至定型。

4 取出待涼，放入雪櫃冷藏 2 小時即成。

 煮食小貼士 採用全脂奶烹煮燉奶，奶味更香更濃，可按個人喜好及健康狀況自行選擇牛奶的品種。

營養師提提你

清水有時給人淡而無味的感覺,可用香草及少量無花果乾沖泡飲品,糖分較包裝飲品低,又可做到解渴提神的果效。

0 g 脂肪	16 g 碳水化合物	2 g 蛋白質	1.2 g 膳食纖維	25 mg 鈉質	72 kcal 能量

香茅無花果熱飲

2 人份量

 材料

無花果乾 .... 4 粒

香茅 .... 2 枝

薄荷葉 ....6-8 片

紅茶包 .... 1 個

清水 .... 2.5 杯

 做法

1 先用刀背將香茅拍開,再切成絲,無花果切開數片。

2 將清水注入煲內,加入香茅及無花果乾。

3 中火煮至水滾起,調至慢火,加入薄荷葉及紅茶包。

4 多泡 1 分鐘,用茶隔隔去渣滓即成。

 煮食小貼士 沖泡飲品可選外表較濕軟的即食無花果乾,可縮減沖泡時間。

杏仁含豐富的多元不飽和脂肪酸及維他命 E，有益心血管健康。雖然堅果、種子類食材油分較高，但適量進食不會大幅增加熱量吸收，反有助身體攝取多種微量元素。

21 g 脂肪	4 g 碳水化合物	12 g 蛋白質	2.2 g 膳食纖維	70 mg 鈉質	253 kcal 能量

腐竹杏仁露

2 人份量

 材料

腐竹 .... 4 條

杏仁粉 ....4 湯匙

桂花 ....2 茶匙

清水 ....2.5 杯

調味料

代糖 ....適量

 做法

1 先將腐竹壓碎備用。

2 凍水加入腐竹猛火煲 5 分鐘至腐竹溶解，加入桂花及杏仁粉，慢火再煮 5 分鐘，食用時加入代糖調味即成。

 煮食小貼士 滾煮杏仁露時火力不宜太猛，以免破壞杏仁及桂花的香味。

營養師提提你

腰果及其他果仁皆含較多多元不飽和脂肪，有助促進血管健康，適合糖尿病人進食，以助預防各種與心、腦血管相關的併發症。

| 72 g 脂肪 | 14 g 碳水化合物 | 67 g 蛋白質 | 8.5 g 膳食纖維 | 970 mg 鈉質 | 972 kcal 能量 |

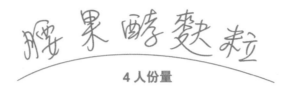

4 人份量

 材料

材料	
原味焗腰果	120 克
酵麩	250 克
鮮毛豆仁	100 克
馬蹄	4 粒
辣椒乾	6 隻
薑粒	1 湯匙

調味料

調味料	
鹽	1/4 茶匙
豆瓣醬	1 湯匙
紹酒	2 湯匙
清水	1/3 杯
麻油	2 茶匙

 做法

1　先將酵麩切成半吋大小。

2　鮮毛豆用滾水煮 3-4 分鐘，隔水備用。

3　馬蹄切粒、辣椒剪開去籽，再剪成粗粒。

4　起鑊爆香薑片，加入毛豆仁及酵麩略炒。

5　潷酒，注入清水炆煮 5 分鐘。

6　待水被酵麩吸乾後，加入鹽、豆瓣醬調味。

7　加入馬蹄略炒，拌入腰果仁，再淋上麻油即成。

 煮食小貼士　酵麩所含水分不多，烹煮時宜多加一點清水將酵麩炆軟身，避免豆蛋白在烹煮時變乾。

水果類

水果類雖含多種抗氧化元素及電解質，但水果食材一般含相約體重百分之十的糖分，大量進食亦會影響血糖水平。為控制血糖，宜多選擇進食鮮果，少飲糖分相對較高的果汁。

蘋果含有豐富的水溶性纖維素，有助延緩糖分的吸收，但蘋果始終含有一定份量的糖分，因此進食時仍要進行適當的碳水化合物換算。

36 g 脂肪	**34 g** 碳水化合物	**51 g** 蛋白質	**9.2 g** 膳食纖維	**750 mg** 鈉質	**664 kcal** 能量

菜乾蘋果排骨湯

4 人份量

材料

一字排骨 .... 400 克

菜乾 .... 80 克

南北杏 .... 30 克

蘋果 .... 2 個

清水 .... 8 杯

調味料

鹽 ....適量

做法

1 先將菜乾沖洗乾淨，蘋果切開 6 件。

2 將排骨多餘的脂肪切去，汆水後用水喉水沖洗乾淨。

3 凍水放入所有材料，中至慢火煲 50 分鐘即成。

4 食用時可加入少量鹽調味。

煮食小貼士　一字排骨的脂肪分佈較為集中，比較容易用刀切除，適合用作烹飪低油分的湯水。

一般夏日的瓜菜含糖分不高，而木瓜的體重約百分之七為碳水化合物，因此不算是高糖水果，適量進食，可為糖尿病患者補充胡蘿蔔素，增加免疫力。

| 14 g 脂肪 | 35 g 碳水化合物 | 42 g 蛋白質 | 8.5 g 膳食纖維 | 980 mg 鈉質 | 434 kcal 能量 |

雙瓜魚湯

4 人份量

 材料

木瓜 .... 1 個（細）

合掌瓜 .... 1 個

鯇魚片 .... 150 克

瑤柱 .... 2 粒

南北杏 .... 共 40 克

薑 .... 2 片

清水 .... 2 杯半

調味料

鹽 .... 1/2 茶匙

胡椒粉 .... 少許

 做法

1 先將木瓜去皮切件，合掌瓜切件。

2 清水將瑤柱浸軟，拆成細絲。

3 起鑊煎香薑片，加入合掌瓜略炒。

4 注入清水，加入南北杏，中火滾 10 分鐘。

5 加入木瓜、瑤柱，再滾 10 分鐘。

6 加入魚片滾至魚片全熟，加鹽及胡椒粉調味即成。

 煮食小貼士 木瓜及鯇魚片可留待較後時間下鑊，以保留果肉及魚片的完整。

36 g 脂肪	28 g 碳水化合物	56 g 蛋白質	7 g 膳食纖維	1560 mg 鈉質	660 kcal 能量

4 人份量

 材料

銀鱈魚扒 .... 1 片大（或 2-3 細）
芒果 .... 1 個（中）
車厘茄 .... 4 粒
紫洋蔥 .... 1/3 個
羅勒葉 .... 2 棵

調味料

鹽 ....1/3 茶匙
胡椒粉 ....少許
橄欖油 ....1 湯匙
沙律米醋 ....1/2 湯匙
鹽 ....1/3 茶匙
黑胡椒 ....少許

 做法

1 先將魚扒解凍抹乾，用鹽及胡椒粉醃 10 分鐘；起鑊中至慢火將魚扒煎熟上碟。

2 芒果去皮，果肉切幼粒，車厘茄開邊去籽再切幼粒；紫洋蔥切片，用凍水浸泡後再切成幼粒，羅勒葉切絲。

3 於大湯碗中，拌入芒果、車厘茄、洋蔥、羅勒葉；再拌入橄欖油等沙律汁材料。

4 再將芒果沙律淋於魚扒上即成。

 煮食小貼士 每個芒果的酸甜度不一，在處理芒果沙沙時可先試味，有需要時可添加少量黃糖調味。

營養師提提你

蔬果的植物酸成分延長食物停留胃部時間，減慢糖分的吸收，有助餐後血糖控制。士多啤梨在水果中糖分較少，正好用作調味肉食菜色。

27 g 脂肪	14 g 碳水化合物	47 g 蛋白質	2 g 膳食纖維	1380 mg 鈉質	487 kcal 能量

士多啤梨雞丁

6 人份量

材料

雞柳	180 克
士多啤梨	6 粒
小黃瓜	2 條
洋蔥	1/3 個
松子仁	2 湯匙
清水	2 湯匙

調味料

喼汁	1 湯匙
紹酒	1 湯匙
植物油	1 湯匙
鹽	1/2 茶匙
胡椒粉	少許

做法

1 先將雞柳切粒，用鹽及胡椒粉醃 10 分鐘。

2 洋蔥切粒，士多啤梨切粗粒，小黃瓜切粒備用。

3 起鑊，加入植物油，爆香洋蔥，雞粒，加入小黃瓜略炒。

4 灒酒、灑入清水將雞肉煮熟。加入喼汁調味，最後加入士多啤梨，灑上松子仁即成。

煮食小貼士 選擇較成熟的士多啤梨入饌，可省卻烹煮餸菜時額外加糖調味。

44 g 脂肪	11 g 碳水化合物	51 g 蛋白質	4.6 g 膳食纖維	1180 mg 鈉質	644 kcal 能量

XO 醬夏果牛柳粒

4 人份量

 材料

牛柳粒...................................... 150 克
火龍果、紅燈籠椒.................各 1/2 個
洋蔥 .... 1/3 個
夏威夷果仁.............................4 湯匙
葱段 .... 2 條
調味料
紹酒、清水..........................各 2 湯匙
XO 醬 ....3/4 湯匙
植物油......................................1 湯匙
鹽..1/4 茶匙
胡椒粉......................................少許

 做法

1 先用鹽及胡椒粉將牛柳粒醃 5 分鐘。

2 火龍果去皮切粗粒，紅燈籠椒去籽切粒，洋蔥切粗粒。

3 起鑊，加入植物油，放入洋蔥略炒，加入牛柳粒煎香，翻轉再煎 30 秒，炒勻。

4 加入燈籠椒，灒酒及灑入清水將牛肉煮熟，加入 XO 醬，夏威夷果仁及火龍果拌勻，加入葱段即成。

 煮食小貼士 購買牛柳回家後可先放入雪櫃冷藏定型，以便切出大小形狀相若的牛柳粒。

24 g 脂肪	21 g 碳水化合物	26 g 蛋白質	8 g 膳食纖維	2140 mg 鈉質	404 kcal 能量

紅柚鴨胸生菜包

4 人份量

 材料

牛油生菜	2-3 個
鴨胸肉	1 件
紅西柚	1 個
青豆角	80 克
甘筍粒	40 克
薑茸	1 湯匙
葱花	2 湯匙
紅椒	1 隻

調味料

鹽	1/2 茶匙
生抽	1/2 湯匙
胡椒粉	少許
生粉	3/4 湯匙
紹酒	1 湯匙
喼汁	3/4 湯匙
清水	少許

 做法

1 先將鴨胸去皮，用攪拌器攪碎，拌入鹽、生抽、胡椒粉及生粉。

2 青豆角切幼粒，紅椒去籽切幼粒，西柚去皮，將果肉拆細。

3 起鑊，爆香薑茸，加入青豆角略炒，加入鴨胸肉、甘筍粒。

4 將鴨肉炒至七成熟，潷酒，灑入少量清水。拌入喼汁調味，再拌入西柚肉、葱花、紅椒。

5 上碟後用牛油生菜包裹進食即可。

 煮食小貼士 鴨胸本已是較瘦的肉食，在烹煮前拌入少量生粉，有助保留鴨肉汁液。

26 g 脂肪	152 g 碳水化合物	10 g 蛋白質	14.2 g 膳食纖維	1060 mg 鈉質	882 kcal 能量

南瓜籽紅莓野米飯

2 人份量

 材料

野米飯	220 克
紅莓乾	4 湯匙
南瓜籽	3 湯匙
芫荽	2 棵
甘筍茸	2 湯匙

調味料

橄欖油	1.5 湯匙
檸檬汁	1.5 湯匙
鹽	1/2 茶匙

 做法

1 預先開鑊將南瓜籽炒香。

2 用滾水將野米煮 20-30 分鐘至米飯散開。

3 隔去米粒多餘水分，拌入紅莓、甘筍及南瓜籽。

4 再拌入橄欖油、檸檬汁及鹽，最後灑上芫荽葉即成。

 煮食小貼士 野米需要較長時烹煮方能將米粒煮開，因此在烹煮米飯前可先浸泡半天，再將浸米水混合其他米種一併烹煮。

超級市場有售的班戟粉一般糖分較高,因此可在家中運用簡單的材料自製高纖班戟。此食譜適合作為下午茶甜品,亦可充當早餐充飢。

24 g 脂肪	91 g 碳水化合物	23 g 蛋白質	3.8 g 膳食纖維	555 mg 鈉質	672 kcal 能量

士多啤梨全麥班戟

6 人份量

 材料

士多啤梨(切碎)	6 粒
全麥麵粉	1/2 杯
低脂奶	1/2 杯
發粉	1/2 茶匙
雞蛋	1 隻
糖	1 茶匙
鹽	1/8 茶匙
原味乳酪	1/2 杯
植物油	1 湯匙

 做法

1 先將雞蛋打勻,拌入低脂奶,再拌入發粉、糖及鹽,最後拌入全麥麵粉。

2 起鑊,加入少量植物油掃開,注入 1 湯勺麵漿,中火煎 1 分鐘後翻轉,再煎 45 秒即成。

3 重複以上步驟煎出 4 片薄餅。

4 食用時配搭原味乳酪及士多啤梨碎即成。

 煮食小貼士 煎班戟時切忌經常將未定形的麵漿翻動,只需一次翻動,便能煎出完整無瑕的薄餅。

營養師提提你

乾果及全麥麵粉的纖維素有助延緩糖分的吸收，有效收窄餐後血糖水平的波動。

96 g 脂肪	**310 g** 碳水化合物	**21 g** 蛋白質	**11.2 g** 膳食纖維	**1360 mg** 鈉質	**2188 kcal** 能量

紅莓全麥烤餅

8 人份量

 材料

白麵粉 .... 1 杯

全麥麵粉 .... 1 杯

發粉 ....1 茶匙

鹽 ....1/2 茶匙

芥花籽油 .... 1/2 杯

紅莓 .... 1/2 杯

糖 .... 1/8 杯

雞蛋 .... 1 隻

 做法

1　先將雞蛋打勻，加入糖拌勻，注入芥花籽油，再加鹽及發粉。

2　拌入白麵粉及全麥麵粉。最後拌入紅莓，將麵漿倒入鋪了牛油紙的模中，放入焗爐，以 180℃ 焗 16-18 分鐘即成。

 煮食小貼士　以發粉混入麵粉烘焙出的鬆餅，較用自發粉製作的鬆餅更鬆軟。

營養師提提你

每種水果皆含有糖分,過量進食亦會影響血糖控制,但蘋果、紅棗含有水溶性纖維素,是對腸道健康有益的營養素,只要避免在正餐後進食大量水果,就不會對血糖水平有重大影響。

0.5 g 脂肪	49 g 碳水化合物	3 g 蛋白質	9.5 g 膳食纖維	45 mg 鈉質	212.5 kcal 能量

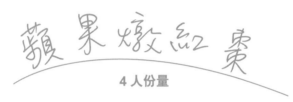

4 人份量

 材料

蘋果 .... 2 個
紅棗 .... 12 粒
肉桂枝 .... 1 枝
清水 .... 3 杯

 做法

1 蘋果切開去核,每個再切開六件。

2 紅棗用清水浸泡 30 分鐘備用。

3 將蘋果、紅棗、肉桂放入燉盅,再注入清水,原盅隔水燉 45 分鐘即成。

 煮食小貼士 將水果與乾果燉煮,雖然不會令糖分增加,但較長時間的烹煮會令糖水的甜度提升,令糖水風味更濃。

營養師提提你

梳打水不含糖分，是製造啫喱的上佳食材，此甜品的糖分水平亦甚低，適合糖尿病患者食用。

0 g 脂肪	9 g 碳水化合物	8 g 蛋白質	2.5 g 膳食纖維	12 mg 鈉質	68 kcal 能量

梳打藍莓啫喱
4 人份量

 材料

梳打水 .... 1 罐
魚膠粉 .... 2 湯匙
薄荷葉 .... 6 片
藍莓 .... 1 盒
熱水 .... 100 毫升

 做法

1　先用熱水將魚膠粉溶解，待涼備用。

2　將梳打水倒出，混合魚膠粉水，加入藍莓及已切碎的薄荷葉。

3　將材料平均倒入四個馬天尼杯，將啫喱杯放入雪櫃內雪 4 小時以上即成。

 煮食小貼士　將啫喱連杯放入冰箱內，有助啫喱快速凝固。烹調這個甜品可以用梳打水，亦可以礦泉水取代無味的清水。

11 g 脂肪	37 g 碳水化合物	17 g 蛋白質	3.1 g 膳食纖維	112 mg 鈉質	315 kcal 能量

4 人份量

 材料

奇異果.. 1 個

西米 ....4 湯匙

低脂奶.. 2 杯

椰絲 ....2 湯匙

 做法

1 先用清水將西米滾煮 5 分鐘。

2 待涼後用冰水將西米沖洗，隔水備用。

3 奇異果去皮切幼粒，與西米一併混入低脂奶中。

4 將低脂奶平分四個甜品杯冷藏，食用時灑上椰絲即成。

 煮食小貼士 用冰水將西米沖洗，可令西米更黏更韌。

烹調木瓜豆奶時宜選外形較細小的木瓜，以控制糖分的攝取。市面上的低糖豆漿仍含有不少添加糖，因此宜選沒有加糖的原味豆漿。

17 g	54 g	33 g	7.9 g	88 mg	501 kcal
脂肪	碳水化合物	蛋白質	膳食纖維	鈉質	能量

雪耳木瓜豆奶

2 人份量

 材料

木瓜（細）...................................2 個

原味豆漿...............................400 毫升

雪耳...10 克

 做法

1 雪耳先用水浸泡，清洗後切成小塊。

2 先將木瓜頂部切去，留用，用湯匙將瓜仁清除，底部切平。

3 注入豆漿，加入雪耳，將頂部重新蓋上，將木瓜放入鑊中隔水蒸 30 分鐘即成。

 煮食小貼士 蒸煮木瓜的時間視乎生熟程度，若木瓜已相當成熟，蒸燉時間可縮減至 20 分鐘。

營養師提提你

麥芽含豐富維他命 B，是人體新陳代謝所需的主要元素。將水果及奶類調配低脂飲品，是正餐之間補充熱量的好辦法。

6 g 脂肪	36 g 碳水化合物	15 g 蛋白質	6.2 g 膳食纖維	120 mg 鈉質	258 kcal 能量

薄荷麥芽木瓜特飲

4 人份量

 材料

木瓜肉......................................200 克

薄荷葉..5-6 片

低脂奶.. 1 杯

麥芽粉..2 湯匙

冰塊 .... 3/4 杯

 做法

1 先將木瓜切成細塊。

2 將所有材料放入攪拌器中，以最高轉速攪拌 1 分鐘即成。

 煮食 小貼士　挑選木瓜時可揀選較熟的木瓜，令鮮奶特飲更加香濃。

健康食材索引